高校转型发展系列教材

绿色建筑与绿色施工

于群　杨春峰　编著

清华大学出版社
北京

内容简介

本书重点介绍绿色建筑的相关知识，主要包括绿色建筑概述、绿色建筑评价、绿色建筑技术、绿色施工概述、绿色施工评价、绿色施工组织与管理、绿色施工技术等内容，使学生系统掌握绿色建筑设计、施工、评价等方面的理论知识和工程案例，加深学生对绿色建筑的理解，并结合所学专业其他课程，将绿色建筑的设计理念、施工技术融入到知识体系中。

本书可作为土木工程、建筑学、给排水科学与工程、建筑环境与能源应用工程等专业本科生教材，也可供相关从业人员参考。

图书在版编目(CIP)数据

绿色建筑与绿色施工/于群，杨春峰编著.—北京：清华大学出版社，2017（2023.7重印）
（高校转型发展系列教材）
ISBN 978-7-302-46221-7

Ⅰ.①绿… Ⅱ.①于… ②杨… Ⅲ.①生态建筑－建筑施工－高等学校－教材 Ⅳ.①TU74

中国版本图书馆 CIP 数据核字(2017)第 020054 号

责任编辑：张占奎
封面设计：常雪影
责任校对：赵丽敏
责任印制：宋 林

出版发行：清华大学出版社
网 址：http://www.tup.com.cn，http://www.wqbook.com
地 址：北京清华大学学研大厦 A 座 **邮 编**：100084
社 总 机：010-83470000 **邮 购**：010-62786544
投稿与读者服务：010-62776969，c-service@tup.tsinghua.edu.cn
质量反馈：010-62772015，zhiliang@tup.tsinghua.edu.cn
印 装 者：涿州市般润文化传播有限公司
经 销：全国新华书店
开 本：185mm×260mm **印 张**：10.75 **字 数**：261 千字
版 次：2017 年 3 月第 1 版 **印 次**：2023 年 7 月第 6次印刷
定 价：35.00 元

产品编号：069999-01

前言

Preface

发展绿色建筑是建筑业实现节能减排和可持续发展的重要举措。自2006年我国第一部《绿色建筑评价标准》颁布实施以来，绿色建筑得到了快速发展，绿色建筑的理念和概念深入人心，绿色建筑相关的理论研究和工程实践成为业内的热点。作为土建类的在校大学生，学习绿色建筑相关知识已经成为今后工作求职和顺应行业发展的客观需求。

本书紧密结合最新的国家相关标准和绿色建筑发展的实际情况，对绿色建筑基本概念、绿色建筑评价方法、绿色建筑技术、绿色施工基本概念、绿色施工评价方法、绿色施工组织与管理和绿色施工技术等内容进行了系统的介绍，力求客观反映国家标准对绿色建筑和绿色施工的具体要求，力求明晰常规适应性绿色建筑和绿色施工技术的特点与应用，力求简明扼要又清晰系统。希望同学们通过学习，能够对绿色建筑和绿色施工的发展情况有全面的认识，能够掌握绿色建筑和绿色施工评价的基本方法，能够熟悉常规绿色建筑和绿色施工技术，并通过教材中工程实例的学习加深认知。

本书绿色建筑部分由沈阳大学于群编写，绿色施工部分由沈阳大学杨春峰编写，全书由于群统稿。书中引用了许多专家学者的观点和成果，在此表示感谢。由于作者水平有限，难免有疏漏之处，敬请指正和谅解。

编　者

2016年10月

目录

Contents

第1章

绿色建筑概述

学习目标：掌握绿色建筑的基本概念，理解绿色建筑的内涵；了解国内外绿色建筑发展的情况，通过绿色建筑实例学习，加深对绿色建筑的理解。

学习重点：绿色建筑的基本概念，我国绿色建筑发展的基本情况。

1.1 绿色建筑的概念

由于各国经济发展水平、地理位置等条件的不同，国际上对绿色建筑定义和内涵的理解不尽相同。

英国建筑设备研究与信息协会(BSRIA)指出：一个有利于人们健康的绿色建筑，其建造和管理应基于高效的资源利用和生态效益原则。

美国加利福尼亚环境保护协会(Cal/EPA)指出：绿色建筑也称为可持续建筑，是一种在设计、修建、装修或在生态和资源方面有回收利用价值的建筑形式。绿色建筑要达到一定的目标，比如高效的利用能源、水以及其他资源来保障人体健康，提高生产力，减少建筑对环境的影响。

我国国家标准《绿色建筑评价标准》(GB/T 50378—2014)对绿色建筑的定义是：在全寿命期内，最大限度地节约资源(节能、节地、节水、节材)、保护环境、减少污染，为人们提供健康、适用和高效的使用空间，与自然和谐共生的建筑。

对绿色建筑的概念，可以从以下方面理解：

“全寿命期”是指绿色建筑的评价应该涵盖建筑寿命的所有环节，而不是仅仅考虑建造阶段或设计阶段，建筑物从规划设计到施工，再到运行使用及最终的拆除，构成一个全寿命期。

“四节一环保”是绿色建筑的核心内容。节能、节地、节水、节材和保护环境是我国绿色建筑发展和评价的核心内容。结合建筑功能要求，对建筑的四节一环保性能进行评价时，要综合考虑，统筹兼顾，实现总体平衡。

“健康”“适用”“高效”是绿色建筑的缩影。“健康”说明是以人为本；“适用”是指不奢侈浪费、不做豪华建筑；“高效”是指资源的合理利用。建筑与自然相依相存，注重人的恬静与自然的和谐。

1.2 绿色建筑的发展概况

1.2.1 绿色建筑的由来

众所周知，建筑物在其设计、建造、使用、拆除等整个生命周期中，需要消耗大量的资源和能源，同时往往还会造成严重的污染问题。据统计，建筑物在其建造、使用过程中消耗了全球能源的50%，产生的污染物占污染物总量的34%。鉴于全球资源环境面临的严峻现实，社会、经济包括建筑业得可持续发展问题必然成为人们关注的焦点，并纷纷上升为国策。绿色建筑正是遵循保护地球环境、节约资源、确保人居环境质量这样一些可持续发展的基本原则，由西方发达国家于20世纪70年代率先提出的一种建筑理念。从这个意义上说，绿色建筑也就是可持续建筑。可持续发展应具有环境、社会和经济三方面内容。国际上可持续建筑的概念，从最初的低能耗、零能耗建筑，到后来的能效建筑、环境友好建筑，再发展到近年来的绿色建筑和生态建筑。低能耗、零能耗建筑属于可持续发展的第一阶段，能效建筑、环境友好建筑应该属于第二阶段，而绿色建筑、生态建筑可认为是可持续发展的第三阶段。

1.2.2 国外绿色建筑发展情况

古代西方建筑思想主要体现在古罗马维特鲁威的《建筑十书》中。该书奠定了欧洲建筑科学的基本体系，系统地总结了希腊和早期罗马建筑的实践经验。其中的许多理论已经成为经典，被广泛传播和应用。维特鲁威所主张的一切建筑物都应考虑“实用、坚固、美观”的观点包含着有利于绿色建筑发展的思想。如他所提出的“自然的适合”，即适应地域自然环境的思想；“与其建造其他装饰华丽的房间，不如建造对收获物能够致用的房舍”的建筑实用思想；“建造适于居住的健康住宅”思想，都对现代绿色建筑的发展具有借鉴意义。

18 世纪到 19 世纪，由于产业革命所带来的负面效果，出现了工业生产污染严重、城市卫生状况恶化、环境质量急剧下降等问题，并引发了严重的社会问题。美国、英国、法国等早期的资本主义国家出现了城市公园绿地建设活动，这一措施为解决当时的环境问题提供了重要途径。城市公园绿地建设提出了诸如城市公园与住宅联合开发模式、废弃地的恢复利用、注重植被生态调节功能等具有创新性的思想。这一措施为在城市发展中被迫与自然隔离的人们创造了与大自然亲近的机会，也在一定程度上反映了绿色建筑的思想。

20 世纪 60 年代，美籍意大利建筑师保罗·索勒瑞首次将生态与建筑合称为“生态建筑”，即“绿色建筑”，使人们对建筑的本质又有了新的认识。真正的绿色建筑概念在这时才算是被提出来。1972 年联合国人类环境会议通过的《斯德哥尔摩宣言》，提出了人与人工环境、自然环境保持协调的原则。

1990 年，英国建筑研究所 BRE 率先制定了世界上第一个绿色建筑评估体系 BREEAM (Building Research Establishment Environmental Assessment Method)。1992 年，在巴西里约热内卢召开的联合国环境与发展大会 UNCED 上，提出《21 世纪议程》，国际社会广泛接受了可持续发展的概念，即“既满足当代人的需要，又不对后代人满足其需要的能力构成危害的发展”，并在会中比较明确地提出“绿色建筑”的概念。绿色建筑由此成为一个兼顾关注环境与舒适健康的研究体系，并且在越来越多的国家实践推广，成为当今世界建筑发展的重要方向。

1993 年，美国出版了《可持续设计指导原则》一书，提出了尊重基地生态系统和文化脉络，结合功能需要，采用简单的适用技术，针对当地气候采用被动式能源策略，尽可能使用可更新的地方建筑材料等 9 项可持续设计原则。

1993 年 6 月，国际建筑师协会第十九次代表大会通过了《芝加哥宣言》，宣言中提出保持和恢复生物多样性，资源消耗最小化，降低大气、土壤和水污染，使建筑物卫生、安全、舒适以及提高环境保护意识等原则。

1995 年，美国绿色建筑委员会提出了能源及环境设计先导计划(LEED)。1999 年 11 月世界绿色建筑协会(World GBC/WGBC)在美国成立。

进入 21 世纪以后，绿色建筑的内涵和外延更加丰富，绿色建筑理论和实践进一步深入和发展，受到各国的重视，在世界范围内形成了快速发展的态势。

为了使绿色建筑的概念具有切实的可操作性，世界各国的相应的绿色建筑评估体系也在逐步建立完善。继英国、美国、加拿大之后，日本、德国、澳大利亚、法国等也相继出台了适合于其地域特点的绿色建筑评估体系。到 2010 年，全球的绿色建筑评估体系已有 20 多个，而且有越来越多的国家和地区将绿色建筑标准作为强制性规定。

1.2.3 国内绿色建筑发展情况

1994 年 3 月，我国颁布了《中国 21 世纪议程——中国世纪人口、环境与发展白皮书》，首次提出“促进建筑可持续发展，建筑节能与提高居住区能源利用效率”。同时启动了“国家重大科技产业工程——2000年小康型城乡住宅科技产业工程”。

1996年2月，我国发布“中华人民共和国人类住区发展报告”，为进一步改善和提高居住环境质量提出了更高要求和保证措施。

2001年5月，原建设部住宅产业化促进中心承担研究和编制的《绿色生态住宅小区建设要点与技术导则》，以科技为先导，以推进住宅生态环境建设及提高住宅产业化水平为目标，全面提高住宅小区节能、节水、节地、治污水平，带动相关产业发展，实现社会、经济、环境效益的统一。多家科研机构、设计单位的专家合作，在全面研究世界各国绿色建筑评价体系的基础上并结合我国特点，制定了“中国生态住宅技术评价体系”，出版了《中国生态住宅技术评价手册》《商品住宅性能评定方法和指标体系》。

2002年7月，原建设部陆续颁布了《关于推进住宅产业现代化提高住宅质量若干意见》《中国生态住宅技术评估手册》(2002版)，分三批对十二个住宅小区的设计方案进行了评估，并对其中个别小区进行了设计、施工、竣工验收全过程评估、指导与跟踪检验，对引导绿色住宅建筑健康发展起到了较大的作用。10月，科技部的“绿色奥运建筑评价体系研究”课题立项，课题汇集了清华大学、中国建筑科学研究院、北京市建筑设计研究院、中国建筑材料科学研究院、北京市环境保护科学研究院、北京工业大学、全国工商联住宅产业商会、北京市可持续发展科技促进中心、北京市城建技术开发中心等9家单位近40名专家共同开展工作，历时14个月，于2004年2月结题。

2004年5月，原建设部副部长在国务院新闻办的发布会上表示，中国将全面推广节能与绿色建筑。目标是争取到2020年，大部分既有建筑实现节能改造，新建建筑完全实现建筑节能65%的总目标，资源节约水平接近或达到现阶段中等发达国家的水平。东部地区要实现更高的节能水平，基本实现新增建筑占地与整体节约用地的动态平衡，实现建筑建造和使用过程中节水率在现有基础上提高30%以上，新建建筑对不可再生资源的总消耗比现在下降30%以上。

2005年3月，“首届国际智能与绿色建筑技术研讨会”召开，原建设部、科技部等部门正式提出绿色建筑概念，并组织国内科技界、企业界以及高等学府的专家学者，对我国绿色建筑领域的关键技术、设备和产品进行了联合攻关，以智能化和绿色建筑技术研究开发和推广应用为重点开展了大量工作。2005年10月，原建设部、科技部联合印发了《绿色建筑技术导则》，从绿色建筑应遵循的原则、绿色建筑指标体系、绿色建筑规划设计技术要点、绿色建筑施工技术要点、绿色建筑的智能技术要点、绿色建筑运营管理技术要点、推进绿色建筑技术产业化等几方面阐述了绿色建筑的技术规范和要求。《导则》明确了绿色建筑的内涵、技术要求和应遵循的技术原则，指导各地开展绿色建筑工作。

2006年6月，由中国建筑科学研究院、上海市建筑科学研究院会同有关单位编制完成的《绿色建筑评价标准》(GB/T 50378—2006)正式实施。绿色建筑评价指标体系由节地与室外环境、节能与能源利用、节水与水资源利用、节材与材料资源利用、室内环境质量和运营管理(住宅建筑)或全生命周期综合性能(公共建筑)六类指标组成。该标准的实施使绿色建筑的评定和认可有章可循、有据可依。

2007年7月，原建设部决定在“十一五”期间启动“100项绿色建筑示范工程与100项低能耗建筑示范工程”。8月，发布了《绿色建筑评价技术细则》《绿色建筑评价标识管理办法》，规定了绿色建筑等级由低至高分为一星、二星和三星三个星级。9月，原建设部颁布《绿色施工导则》。10月，原建设部科技发展促进中心印发了《绿色建筑评价标识实施细则》。

2008年4月，绿色建筑评价标识管理办公室正式设立。6月，住房和城乡建设部发布《绿色建筑评价技术细则补充说明(规划设计部分)》。7月，国务院第18次常务会议审议通过了《民用建筑节能条例》，并于2008年10月1日起正式实施。这一系列文件的发布标志着中国建筑节能法规体系进一步完善。11月，由住房和城乡建设部科技发展促进中心绿色建筑评价标识管理办公室筹备组建的绿色建筑评价标识专家委员会正式成立。

2009年6月，住房和城乡建设部印发《关于推进一二星级绿色建筑评价标识工作的通知》，明确有一定的发展绿色建筑工作基础并出台了当地绿色建筑评价相关标准的省、自治区、直辖市、计划单列市，均可开展本地区一、二星级绿色建筑评价标识工作。7月，中国城市科学研究会绿色建筑研究中心成立，主要负责：开展绿色建筑评审工作；促进绿色建筑领域的国内外交往；培养绿色建筑的各类人才；收集绿色建筑的相关数据；建立国家绿色建筑数据库；开展绿色建筑的其他相关工作。8月，国家颁布《关于积极应对气候变化的决议》，提出要立足国情发展绿色、低碳经济。9月，住房和城乡建设部印发《绿色建筑评价技术细则补充说明(运行使用部分)》并开始执行。10月，住房和城乡建设部科技发展促进中心绿色建筑评价标识管理办公室印发《关于开展一二星级绿色建筑评价标识培训考核工作的通知》。

2010年6月，住房和城乡建设部科技发展促进中心组织专家在北京召开"绿色建筑评价标准体系研究课题"验收会。验收组一致同意该课题通过验收，认为该课题研究完成了预定的目标要求，研究成果达到了国际先进水平。8月，住房和城乡建设部印发《绿色工业建筑评价导则》，拉开了我国绿色工业建筑评价工作的序幕。11月，住房和城乡建设部发布《建筑工程绿色施工评价标准》《民用建筑绿色设计规范》。12月，中国绿色建筑委员会、中国绿色建筑与节能(香港)委员会联合发布《绿色建筑评价标准香港版》。

2011年1月，财政部与住房和城乡建设部联合印发《关于进一步深入开展北方采暖地区既有居住建筑供热计量及节能改造工作的通知》。3月，中国城市科学研究会绿色建筑委员会在北京召开《绿色商场建筑评价标准》课题启动会。5月，财政部、住房和城乡建设部联合印发《关于进一步推进公共建筑节能工作的通知》。6月，财政部、住房城乡建设部决定在"十二五"期间开展绿色重点小城镇试点示范，制定并印发了《绿色重点小城镇试点示范实施意见》。住房和城乡建设部科技发展促进中心主编的国家标准《绿色办公建筑评价标准》开始在全国范围内广泛征求意见。8月，中国城市科学研究会绿色建筑委员会发布由中国城科会绿色建筑委员会、中国医院协会联合主编的《绿色医院建筑评价标准》，自2011年9月1日起正式施行。同年，《绿色建筑检测技术标准》编制组成立暨第一次工作会议在上海召开，并于11月在广州召开第二次工作会议，讨论标准初稿。9月，住房和城乡建设部、财政部、国家发展改革委联合印发《绿色低碳重点小城镇建设评价指标(试行)》和《绿色低碳重点小城镇建设评价指标试行(解释说明)》。12月，11家单位共同承担的住房和城乡建设部2011年科技项目《低碳住宅与社区应用技术导则》在北京召开评审会并通过验收。

2012年1月，住房和城乡建设部公告发布《行业标准被动式太阳能建筑技术规范》，自

2012 年 5 月 1 日起实行。4 月，财政部和住建部联合发布《关于加快推动我国绿色建筑发展的实施意见》，意见中明确将通过多种手段，全面加快推动我国绿色建筑发展。5 月，住房和城乡建设部印发《“十二五”建筑节能专项规划》，提出新建绿色建筑 8 亿 m^2，城镇新建建筑 20%以上达到绿色建筑标准要求。5 月，住房和城乡建设部印发《绿色超高层建筑评价技术细则》。6 月，“十二五”国家科技支撑计划“绿色建筑评价体系与标准规范技术研发”项目和“既有建筑绿色化改造关键技术研究与示范”项目启动会暨课题实施方案论证会分别在北京召开。7 月，《绿色校园评价标准》编制研讨会议在上海同济大学召开，会议就标准的规划和绿色校园的发展方向制定了详细的编写计划。8 月，国城科会绿色建筑研究中心在北京召开了绿色工业建筑评审研讨会暨国家首批“绿色工业建筑设计标识”评审会，实现了我国绿色工业建筑标识评价“零的突破”。8 月，“中国绿色校园与绿色建筑知识普及教材编写研讨工作会议”在同济大学召开。本次会议确定将组织编写初小、高小、初中、高中和大学共五本教材。12 月，住房和城乡建设部办公厅发布《关于加强绿色建筑评价标识管理和备案工作》的通知，指出各地应本着因地制宜的原则发展绿色建筑，并鼓励业主、房地产开发、设计、施工和物业管理等相关单位开发绿色建筑。

2013 年 1 月，国务院办公厅以国办发[2013] 1 号转发国家发展和改革委员会、住房和城乡建设部制订的《绿色建筑行动方案》。文件明确要求：以邓小平理论、“三个代表”重要思想、科学发展观为指导，把生态文明融入城乡建设的全过程，紧紧抓住城镇化和新农村建设的重要战略机遇期，树立全寿命期理念，切实转变城乡建设模式，提高资源利用效率，合理改善建筑舒适性，从政策法规、体制机制、规划设计、标准规范、技术推广、建设运营和产业支撑等方面全面推进绿色建筑行动，加快推进建设资源节约型和环境友好型社会；提出了新建建筑节能、既有建筑节能改造、城镇供热系统改造、可再生能源建筑规模化应用、公共建筑节能管理、相关技术研发推广、绿色建材、建筑工业化、建筑拆除管理及建筑废弃物资源利用等十项重点任务。该文件对我国绿色建筑发展产生深远的影响。

2013 年 8 月，国务院发布《关于加快节能环保产业的意见》，明确提出开展绿色建筑行动：到 2015 年，新增绿色建筑面积 10 亿 m^2 以上，城镇新建筑中二星级以上绿色建筑比例超过 20%，建设绿色生态城(区)，提高建筑节能标准。完成办公建筑节能改造 6000 万 m^2，带动绿色建筑建设改造投资和相关产业发展。大力发展绿色建材，推广应用散装水泥、预拌混凝土、预拌砂浆，推动建筑工业化。我国既有建筑面积达 460 多亿 m^2，每年新建建筑面积为 16 亿～20 亿 m^2。但据 2010 年底的统计数据，我国的绿色建筑不足 2000 万 m^2，仅为既有建筑面积的 0.05%。为此要求：2015 年，城镇新增加绿色建筑面积占当年城镇新建建筑面积比例达到 23%以上，建设绿色农村住宅 1 亿 m^2，2017 年起，城镇新建建筑全部执行绿色建筑标准。“十二五”末期，政府投资的办公建筑、学校、医院、文化等公益性公共建筑和东部地区省会以上城市、计划单列政府投资的保障性住房执行绿色建筑标准的比例达到 70%以上。

2014 年 4 月，住建部对 2006 版的《绿色建筑评价标准》进行了全面修订，丰富了绿色建筑的评价指标体系，新增了绿色施工的评价内容；完善了相关的评价方法，实行更为量化的打分制评价，《绿色建筑评价标准》(GB/T 50378—2014) 于 2015 年 1 月 1 日起正式实施。

1.3　绿色建筑工程实例

绿色建筑是由传统高消耗型发展模式转向高效绿色型发展模式的必由之路，也是当今世界建筑发展的必然趋势。近年来，国际国内不少国家根据各自的特点，按照绿色建筑的理念进行了大量实践，建成了一些有指导意义或借鉴价值的绿色建筑产品。截至 2016 年 3 月，我国共评出 3194 项绿色建筑评价标识项目。

1. 中国科技部建筑节能示范楼

已建成的科技部建筑节能示范楼位于北京市海淀区。大楼为框架结构，建筑面积 12959m²，地下 2 层，地上 8 层，共 10 层（图 1.1）。经使用测试，该大楼能耗节约 72.3%。2005 年，该工程被建设部评为“全国绿色建筑创新奖”综合类二等奖（一等奖当年空缺）；同时，该工程还被美国绿色建筑协会评定为 LEED 金级建筑。

图 1.1　中国科技部建筑节能示范楼

该节能标准楼采用了十字形平面设计。根据全年实时能效模拟分析，在充分利用自然光照明以及春秋季节采用自然通风的条件下，这一平面设计比其他任何一种平面设计至少节约能源 5%。

采用铝合金反光板既避免了夏天阳光对室内的直射，又将阳光反射到室内顶棚，漫反射于楼内空间，达到充分利用自然光照明的目的。室内装饰则采用浅色设计，提高了自然光的利用程度。外墙是浅色的亚光型，以乳白色为主，间以浅灰色的铝合金线条，既反射了阳光，减少了外墙的吸热，又可避免对周边环境的光污染。节能楼外墙采用双层舒布洛克砌块（混凝土砌块）墙体，外窗玻璃采用低辐射玻璃，窗框采用断桥铝合金窗框。

屋顶除绿化外，大部分用于太阳能光伏发电和太阳能热水系统，采用了真空管太阳能热水系统和集热管等设备，通过耦合变压器，将电能直接并入楼内电网。通过太阳能光热、光电利用，可为全楼提供 5%～6%的能源。

该节能楼还采用了先进的制冷、制热系统。供暖热源为首钢废热，加湿后通过空调管道将热风输入房间。制冷则由多级空调机组和冰蓄冷系统相结合。该大楼在新风系统设计中还装设了转轮式全热回收装置，室内新风和废气充分热交换，达到76%的热回收率。

在人工照明上，该大楼采用了节能灯具辅以自动数字调光系统。同时，大楼电梯则使用了能通过程序智能控制和按承载量调节的变频系统，较大程度地降低了电梯运行能耗。大楼还使用了雨水收集、节水器具和智能控制变频供水系统，极大地降低了全楼用水量。此外，在全楼设备系统的运行管理方面，采用了数字化程度较高的楼宇自控系统。

该节能示范楼建设前期进行了为期两年多的方案研究，中美两国12所大学、研究所和设计院参加了这项工作。设计方案经过5次国际研讨会的专家论证，并依据北京地区50年的气象记录，进行了3轮计算机的全年实时能效模拟分析，对设计方案进行了优化选择。特别值得一提的是，该大楼是在充分考虑性价比因素后，将多种节能技术、绿色技术进行综合集成，力争在中低造价上实现高效节能、整体绿色的目的。

2. 新疆昌吉世纪花园绿色建筑示范小区

新疆昌吉世纪花园住宅小区工程(图1.2)总建筑面积8.4万m^2，其中住宅建筑面积7.2万m^2，住宅总套数474套；公共建筑面积1.2万m^2，包括会所、幼儿园、管理用房等。2005年，该工程获首届全国绿色建筑创新二等奖。

图1.2 新疆昌吉世纪花园小区鸟瞰图

该项目的建设经验可在国内经济欠发达地区普通住宅建设中推广。在规划设计上，该工程充分利用地形，以小区环路为构架，中心绿地景观、水景为脉，将小区贯穿起来。该小区多层、低层住宅错落有致，高低适中；道路交通组织合理有序，采用地面、地下停车相结合。在住宅户型设计中科学组织户内空间，提高使用面积系数；充分利用屋顶、地下空间，有效利用土地，营造出舒适、便捷、和谐的居住环境。在绿化环境的植物配置方面，选择了本地区生长良好、耐旱、耐寒的植物品种。

在节能技术应用上，该工程在外围护结构、供热系统、太阳能技术方面均取得了较好效果。外墙采用ZL胶粉聚苯颗粒外墙保温体系。屋面采用160mm厚聚苯保温层，另敷

100mm厚陶粒找坡层。建筑物设地下室，不采暖地下室上部地板采用60mm厚聚苯板保温，标准层楼板上均设30mm厚聚苯板，上设反射膜。楼面、地面沿外墙内侧贴厚20mm、60mm聚苯板保温层。门窗采用高效节能门窗。进户门采用节能四防彩钢板40mm厚聚氨酯发泡夹芯门；客厅阳台门为中空玻璃推拉门；窗采用钢塑共挤中空玻璃窗，玻璃为外绿内白，外墨绿色部分为有机改性玻璃，带胶密封。

根据当地自然资源条件，充分利用天然气资源，采用以分户燃气壁挂炉为热源的低温热水地板辐射采暖方式。燃气壁挂炉采用全自动电脑比例式控制的采暖、生活热水两用燃气锅炉，可节约能源20%～30%。地板采暖技术主要以辐射方式传播热量，与传统对流采暖方式相比节能10%～30%，而且还可增加3%的室内使用面积。这种采暖方式既符合人体工程学原理，又节约有效空间，供暖时间、冷热程度可自由控制，避免了热力外网的沿程损失和高温热水的损失，实现了采暖分户控制，从而达到了可观的节能效果。

结合新疆地区日照时间长、太阳光线强的特点，该工程广泛采用了太阳能庭院灯、太阳能草坪灯和太阳能热水供应技术，从而减少耗电量，达到节能、环保等效果。太阳能庭院灯采用35W单晶硅太阳能电池板，光控定时开关，系统可在－40～－70℃环境下确保工作时间4～6h。如遇连续阴雨天，单晶硅太阳能电池发电系统的供电量虽然有所减少，但系统设计时已按当地气候条件，将平时多余的电能储存在蓄电池内，这样可确保在阴雨天气持续2～3天时仍有足够的电能可以正常使用。太阳能草坪灯安装在楼间较开阔的绿地上，功率为3～10kW，采用CCFL冷阴极灯管或超亮LED发光元件，灯管寿命在20000h以上，电池板的功率单灯为5～20kW，以保证正常光照。

墙体采用KP1多孔砖、加气混凝土砖块、超轻陶粒耐水石膏板等新型材料，以取代传统实心黏土砖，不仅节约了土地资源，还节约了生产实心黏土砖所耗费的其他资源。由于该项目采用系统的节能技术，减少了外墙的厚度，从而提高了室内面积率。该小区采用箱式变电站，取消变电房，从而减少了变电设施用地，也节省了建筑材料等资源。楼内管线集中暗设技术的应用提高了室内空间利用率。

该项目在积极推广节水器具的基础上，从中水回用、绿化植物的优选及维护等方面积极挖掘潜力，推广节水技术；同时对小区绿化采用了自动微喷灌技术，既提高灌溉效率，又方便绿化管理，并且达到节能、节水的双重效果。该工程还采用了住宅一次装修和施工成套技术，这也利于节约人力与物力资源。

3. 广州珠江城大厦

广州珠江城大厦位于广州天河区珠江大道西和珠江城大厦金穗路交界处，设计高度309m，地上71层，地下5层，总建筑面积216657m²，其中地上建筑面积171379m²，地下建筑面积为45178m²，建筑容积率0.97。大厦主体结构形式为钢框架-钢筋混凝土核心筒，被国外媒体誉为“世界最节能环保的摩天大厦”。大厦实践了建筑本身“零能耗”的环保理念，通过了LEED-CS铂金预认证；将气候技术、太阳能、风能方面的创新性方案融合起来，可自行生产其所需要的能源，利用风能、太阳能自行发电，甚至可以把多余的电卖给电网。

(1) 围护结构

大厦采用窄腔“龛式”内呼吸连遮阳百叶双层智能幕墙(图1.3)。一方面，空腔内遮阳百叶可根据气候与天气条件的变化进行统一智能控制调节角度与高度，实现将自然光引入办公室深处的目标，同时消除临窗外区的高辐射与眩光带给人的不适感，并节省人工照明用电量；另一方面，幕墙内呼吸动力系统配合外区冷梁设计可根据室外环境变化对双层幕墙空腔内温度、湿度自动控制，以实现临窗区域的舒适办公环境，并可保障冷辐射系统正常运行。

图 1.3　内呼吸连遮阳百叶双层智能幕墙

(2) 日光控制系统

大厦办公区域的日光控制、消除有害眩光是通过智能型百叶实现的。在入口大堂区域设计采用导光板，将屋面自然光线折射引入大堂深处，靠近幕墙强光区处设遮阳百叶，以获得大堂整体均匀舒适的自然光照，并减少人工照明的消耗。

(3) 新型结构体系

珠江城大厦主体由核心筒、巨型柱和钢结构等组成，其中钢结构最为复杂，也是珠江城整体结构的亮点所在。为了满足大楼开设风洞层等需要，珠江城采用了复杂的桁架层等结构。桁架层是珠江城钢结构中最难的部分，分为带状桁架、外伸桁架和端桁架。另外，钢结构由巨型角柱、组合型钢外围柱、端部斜支撑、钢边梁、楼层钢梁等组成。整个珠江城共使用了 2.5 万 t 钢材。珠江城钢结构最大的亮点是几乎全是用高强度螺栓连接在一起，所以称作全螺栓钢结构。螺栓连接可以起到让建筑物"骨骼"受力分散的作用，这也是全螺栓钢结构越来越受推崇的主要原因。

(4) 高效的空调系统

采用辐射冷带置换通风、冷却盘管冷凝水回收、高效加热/制冷机房、热(冷)回收的一系列革新技术，实现整体系统节能率 46.5%，并具有良好的经济效益和示范推广意义。珠江城采用的辐射楼板制冷系统，预先在楼板中埋入管道，夏季冷冻水在管道中循环，提供冷媒，而置换通风系统可以使用温度较高和风量较小的新风。这两项技术和传统空调末端形式相比，将有较大幅度的节能潜力，并能够在保证净高的前提下有效地降低建筑层高。为了避免空气的交叉污染，采取排气热(冷)回收系统用于新风系统的除湿和热交换，从而提高热回收量；避免了传统的二次回风，减小空气输送能耗；实现热量的内部转移，免去外部热源的加入，变相减小了空调的负荷，节能效果明显。对系统末端冷凝水回收既可以提高空调系统的能效比，也大大减小了空调的耗水量。

（5）清洁能源利用

该项目采用了风力发电和太阳能发电。由于亚热带气候沿海区域风环境好，每年台风季节风力资源丰富，根据超高层建筑中挡风风压大、高空风速提升的特点，珠江城项目尝试采用风力发电技术，在大楼中部和上部的设备层采用垂直轴风力涡轮发电机，使风力发电与建筑结合成为可能。通过流体力学的设计方法、利用建筑形状，引导迎风面的风集中并加速从建筑物中的4个开口穿过，提高发电效率。

经过日照强度的分析，该项目分别于建筑东、西两侧水平遮阳板面和南侧玻璃幕墙的“屋顶”部分应用单晶硅太阳能光电板总共8000多块。单晶硅太阳能光电板发电效率约为0.1kW·h/m^2，工程共应用约2000m^2，年发电量约450MW·h。项目设计将玻璃幕墙与太阳能光电板有机结合，在获得光照辐射能的立面上应用光电技术，通过合理布置幕墙玻璃外表面光电板的位置，实现发电与美观的平衡。

思　考　题

1. 简述绿色建筑的定义。
2. 绿色建筑与传统建筑的区别是什么？
3. 国内外绿色建筑的发展途径各有何特征？

第2章

绿色建筑评价

学习目标：掌握绿色建筑评价的基本规定和评价方法，熟悉绿色建筑评价标准中的相关条款，了解国内外绿色建筑评价体系的发展情况。

学习重点：绿色建筑评价的基本方法和基本规定，绿色建筑评价标准的相关条款。

2.1 绿色建筑评价体系

2.1.1 国外绿色建筑评价体系

1. 英国建筑研究组织建筑环境评价方法(BREE AM)

英国由于自身的地理特点(如国土资源相对狭小、四面环海等)以及经济发展较早等原因，对环境问题甚为关注，是绿色建筑起步比较早的国家之一。1990年政府发布的《环境白皮书》明确把可持续发展列为今后建设必须遵循的国家战略。之后出台的一系列与规划及设计相关的文件，如1997年版的《规划政策指南卷一》(*Planning Policy Guidance Note* 1)及其最新的替代文件——2004年版《规划政策陈述卷一》(*Planning Policy Statement Note* 1)都不断重申，绿色营建和可持续发展是一切规划和设计活动的最基本原则。

英国建筑研究组织于1990年首次推出“建筑环境评价方法(BREE AM)”，是国际上第一套实际应用于市场和管理之中的绿色建筑评价体系。其目的是为绿色建筑实践提供权威性的指导，以期减少建筑对全球和地区环境的负面影响。BREEAM是一种条款式的评价系统，从管理、能源使用、健康状态、污染、运输、土地使用、生态环境、材料和水资源等方面来评估建筑环境表现，根据其所满足的条款评分。BREE AM 是为建筑所用者、设计者和使用者设计的评价体系，以评判建筑在其整个寿命周期中，包含从建筑设计开始阶段的选址、设计、施工、使用直至最终报废拆除所用阶段的环境性能。通过对一系列的环境问题，包括建筑对全球、区域、场地和室内环境的影响进行评价，BREE AM 最终给予建筑环境标志认证，建筑环境性能以直观的量化分数给出。根据分值规定了合格、良好、优良、优秀四个等级，同时规定了每个等级下设计与建造、管理与运行的最低限分值。BREE AM 评估体系的推出，为规范绿色生态建筑概念，推动绿色生态建筑的健康有序发展，做出了开拓性的贡献。

英国的绿色建筑评价系统 BREE AM 和它用于住宅评价的版本 EcoHomes 并不是必须执行的法规。2006 年英国政府出台了《可持续住宅法规》，该法规类似于 BREE AM 评估系统。但是评估的内容更细致全面、标准更严格。从 2007 年末开始，英国正式引入由政府颁发的“能耗性能证书”，而英国政府公布的一项最新计划要求到 2016 年前后所有新建住宅都达到 CO_2 零排。

2. 美国绿色建筑评估体系(LEED)

由美国绿色建筑协会建立并推行的《绿色建筑评估体系》(*Leadership in Energy & Environmental Design Building Rating System*)，国际上简称 LEEDTM，是目前在世界各国的各类建筑环保评估、绿色建筑评估以及建筑可持续性评估标准中被认为是最完善、最有影响力的评估标准。

LEED 认证评价要素包括以下几个。

(1) 可持续场地评价(sustainable sites)

可持续场地评价里面包括有建筑过程中水土保持与地表沉积控制；保持和恢复公共绿地；减少室外光污染；合理的租户设计和施工指南。

(2) 建筑节水(water efficiency)

在建筑节水这一部分，将节水分为“景观用水量降低，利用先进的科学技术节约用水，减少一般性日常用水”三个得分项。可采用雨水回收技术、中水回用技术等。

(3) 能源利用与大气保护(energy & atmosphere)

首先建筑过程中必须达到最低耗能标准，在 ASHRAE STANDARD 中对建筑过程中最低能耗量有比较明确的解释，LEED 也是参照这个能耗标准确定在能耗上是否达到要求的能源消耗标准。主要采用的技术措施有不使用含氟利昂的制冷剂；双层 Low-e 玻璃；优化保温和遮阳系统；被动设计；安装分户计量系统；选用节能空调；安装太阳能、风能等可再生能源系统等。

(4) 材料与资源(materials & resources)

针对建筑材料浪费这一实际情况，LEED 认证过程中，开创性地加了材料与资源利用这一项得分点。此得分点旨在推广建造过程中合理利用资源，尽量使用可循环材质，并以加分的形式体现在 LEED 认证过程中。在材料与资源评估中主要参考了可回收物品的储存和收集、施工废弃物的管理、资源再利用、循环利用成分以及本地材料使用率等因素。

(5) 室内环境质量(indoor environmental quality)

室内环境空气质量监控，主要是对建成后的建筑物室内环境品质进行监测。在这一项实施过程中，以下几项被考虑进来：最低室内环境品质要求，吸烟环境控制，新风监控，加强通风，施工室内空气环境品质管理，低挥发性材料的适用，室内化学物质的使用和控制，系统的可控性，热舒适性，自然采光与视野分布。采用的技术措施有安装新风监控系统，在危险气体或化学制品储存和使用区域采用独立排风系统。

(6) 创新设计流程(innovation & design process)

设计创新是指如在楼宇设计过程中，添加了合理的、具有开创性的、对节能环保有很大益处的设计理念，可获得额外的创新得分。

项目可根据评价分值分为认证通过、银级、金级、白金级几个等级。

3. 加拿大绿色建筑挑战(GBC2000)

绿色建筑挑战是由加拿大自然资源部发起并领导，用以评价建筑的环境性能，至 2000 年 10 月有 19 个国家参与制定的一种评价方法。它的发展经历了两个阶段：最初两年包括了 14 个国家的参与，于 1998 年 10 月在加拿大温哥华召开"绿色建筑挑战 98"国际会议；之后的两年里有更多的国家加入，其成果 GBC2000 在 2000 年 10 月荷兰马斯特里赫特召开的国际可持续建筑会议上宣布。绿色建筑挑战的目的是发展一套统一的性能参数指标，其核心内容是通过绿色建筑评价工具 GB TOOL 的开发和应用研究，建立全球化的绿色建筑性能评价标准和认证系统，最终使不同国家和地区之间的绿色建筑实例具有可比性，为各国各地区的绿色生态建筑评价提供一个较为统一的国际化平台，从而推动国际绿色生态建筑整体的全面发展。

4. 日本 CASBEE

日本建筑物综合环境评价研究委员会认为，从对地球环境影响的观点来评价建筑物的综合环境性能时，必须兼顾"削减环境负荷"和"蓄积优良建筑资产"两个方面，二者均是关系到人类可持续发展至关重要的问题，于是进行了"建筑物综合环境性能评价体系"的研究。CASBEE 是一部澄清绿色建筑实质的专著，全面评价建筑的环境品质和对资源、能源的消耗及对环境的影响，形成了鲜明的绿色建筑评价理念。日本 CASBEE(Comprehensive Assessment System for Building Environmental Efficiency)建筑物综合环境性能评价方法以各种用途、规模的建筑物作为评价对象，从"环境效率"定义出发进行评价，试图评价建筑物在限定的环境性能下，通过措施降低环境负荷的效果。

CASBEE 将评估体系分为 Q(建筑环境性能、质量)与 LR(建筑环境负荷的减少)。建筑环境性能、质量包括：Q1—室内环境；Q2—服务性能；Q3—室外环境。建筑环境负荷包括：LR1—能源；LR2—资源、材料；LR3—建筑用地外环境。其每个项目都含有若干小项。

CASBEE 采用 5 分评价制。满足最低要求为 1 分；达到一般水平为 3 分。参评项目最终的 Q 或 LR 得分为各个子项得分乘以其对应权重系数的结果之和，得出 SQ 与 SLR。评分结果显示在细目表中，接着可计算出建筑物的环境性能效率，既 BEE 值。

5. 法国 ESCALE

由法国建筑专业人士研究出的 ESCALE 法，是一种在设计阶段进行的环境评价方法。它不仅能帮助人员评价环境，还可帮助使用者直观了解与环境标准相关的方案运作状况，从而决定是否需要进一步改善方案，为建筑人员与使用者之间的合作创造了便利条件。该方法减少了环境评价的难度和建筑环境效益评价的数量与种类，降低了生命周期评价法的复杂性，便于操作。

6. 澳大利亚“绿色之星”

澳大利亚“绿色之星”评估工具，是由澳大利亚绿建会开发完成。其主要目的是帮助房地产业和建筑业减少建筑的环境不利影响，提升使用者的健康和工作效率。统计到2012年2月，通过认证绿色建筑工程407项，其中办公建筑342栋，面积达6104221m^2。“绿色之星”对澳大利亚的房地产业和建筑业的影响越来越大。澳大利亚政府通过实行强制、配套、激励（主要对绿色建筑减税）等政策，促进绿色建筑的发展。

7. 新加坡绿色建筑评价体系

新加坡从2005年开始推行绿色建筑标志认证，2007年执行第二版，2008年把新建建筑分为居住和非居住建筑，2010年执行绿色评价标识第四版。新加坡政府计划到2030年，80%的建筑要通过认证。

国外绿色建筑评价体系的完善和发展，各国绿色建筑评价体系的对比如表2.1所示。国外各国绿色建筑评价具有以下特征：①注重本国的实际情况（国情和气候特点），构建绿色评价体系，并适时更新，以适应绿色建筑的发展需求；②评价由早期的定性评价转向定量评价；③从早期单一的性能指标评定转向了综合环境、技术性能的指标评定。

表2.1　世界部分国家绿色建筑评价体系简略比较

评价体系	开发时间	国家	评价对象	评价内容
BREEAM	1990年	英国	新建和既有建筑	管理、健康与舒适性、能耗、交通、水耗、材料、土地利用、位置的生态价值、污染
LEED	1995年	美国	新建、既有商业综合建筑	场地可持续性、水的利用率、能耗与大气、材料与资源保护、室内环境质量、创新与设计和施工
Eco-profile	1995年	挪威	已建商业、住宅、办公建筑	室外环境、资源、室内环境
GBC	1998年	加拿大	新建和改建建筑	资源消耗、环境负荷、室内环境、服务设施质量、经济性、管理、交通
CASBEE	2002年	日本	新建和既有建筑	建筑物的质量（室内外环境、服务设施质量），环境负荷（能源、资源与材料等），建筑环境效率
NABERS	2007年	澳大利亚	既有住宅和办公建筑	生物多样性、主体节能、温室气体排放、室内空气质量、资源节约、场址规划

2.1.2 国内绿色建筑评价体系

20世纪90年代以后，国内的绿色建筑研究得到重视，有关绿色建筑的评价体系的研究也取得了一些重要成果。1996年我国香港地区参照英国的BREEAM,根据香港地区的具体环境条件,制定了HK-BEAM。它的目标是用合理的成本,使用最好的、可行的技术,以减少新建建筑对环境的冲击,但并不提倡新建建筑物的设计要满足所有的需求。2001年,建设部通过了《绿色生态住宅小区技术要点与技术导则》,在我国首次明确提出"绿色生态小区"的概念、内涵和技术原则。2003年8月推出的《绿色奥运建筑评估体系》,它的目标是使奥运建筑为使用者提供健康、舒适、高效与自然和谐的活动空间,同时最大限度地减少对能源和各种不可再生资源的消耗,不对场址、周边环境和生态系统产生不良影响,并争取加以改善。2005年10月,为加强对我国绿色建筑建设的指导,促进绿色建筑及相关技术健康发展,建设部与科技部联合发布了《绿色建筑技术导则》。这是我国第一个部颁的关于绿色建筑的技术规范。《导则》从绿色建筑应遵循的原则、绿色建筑指标体系、绿色建筑规划设计技术要点、绿色建筑施工技术要点、绿色建筑的智能技术要点、绿色建筑运营管理技术要点、推进绿色建筑技术产业化等几方面阐述了绿色建筑的技术规范和要求。2006年6月,建设部推出了《绿色建筑评价标准》,从全寿命周期、"四节一环保"(节地、节能、节水、节材和保护环境)、在适度消费基础上的功能需求和建筑与自然和谐共生四个方面来推广绿色建筑。2014年,住建部对2006年的评价标准进行了修订。近年来,在《绿色建筑评价标准》的基础上,住建部组织专家编写了绿色医院建筑、绿色办公建筑、绿色工业建筑等一系列评价标准,对不同功能和特点的建筑实行差异化评价,较好地推动了绿色建筑的发展。下面就我国近年来推出的绿色建筑相关评价标准做一简单介绍。

1.《绿色建筑评价标准》(GB/T 50378—2006、2014)

《绿色建筑评价标准》(GB/T 50378—2006)是我国第一部从建筑全寿命周期出发,多目标、多层次地对绿色建筑进行整合评价的国家标准。该标准用于评价住宅建筑和办公、商场、宾馆等公共建筑。由节地与室外环境、节能与能源利用、节水与资源利用、节材与材料资源利用、室内环境质量和运营管理六类指标组成,各大指标中的具体指标又分为控制项、一般项、优选项。控制项为绿色建筑的必备条款,优选项主要指实现难度较大,指标要求较高的项目。按满足一般项、优选项的要求,把绿色建筑划分为一、二、三星级。《绿色建筑评价标准》(GB/T 50378—2006)的指标体系如表2.2所示。

表2.2 《绿色建筑评价标准》(GB/T 50378—2006)指标体系情况

类别	内容	控制项	一般项	优选项
住宅建筑	节地与室外环境	场地选址、用地指标、建筑布局和日照、绿化、污染源、施工影响等8项	公共服务设施、旧建筑利用、噪声、热岛效应、风环境、绿化、公共交通、透水地面8项	地下空间利用、废弃场地建设2项
	节能与能源利用	节能标准、设备性能、室温调节和用热计量3项	建筑设计、用能设备、照明、能量回收、再生能源利用等6项	采暖空调能耗、可再生能源使用比例2项
	节水与水资源利用	水系统规划和综合利用、管网漏损、节水设备、景观用水、非传统水源5项	雨水规划、节水灌溉、再生水、雨水利用、非传统水源利用等6项	非系统水源利用规定1项

续表

类别	内容	控制项	一般项	优选项
住宅建筑	节材与材料资源利用	建筑材料中有害物质含量规定、装饰性构件规定2项	就地取材、预拌混凝土、材料回收利用、可再循环材料使用、一体化施工等7项	建筑结构体系、可再利用建筑材料比例2项
	室内环境质量	日照、采光、隔声、自然通风、空气污染物浓度5项	视野、内表面不结露、建筑隔热、室温调控、外遮阳、室内空气质量检测6项	蓄能调湿或改善空气质量的功能材料利用1项
	运营管理	管理制度、计量收费、垃圾收集等4项	垃圾站冲排水设施、智能化系统、病虫害防治、绿化、管理体系认证、垃圾分类收集率等7项	可生物降解垃圾处理房的规定1项
公共建筑	节地与室外环境	场地选址、周边影响、污染源、施工等5项	噪声、通风、绿化、交通组织、地下空间利用等6项	废弃场地利用、旧建筑利用、透水地面3项
	节能与能源利用	维护结构热工性能、冷热源机组能效比、照明、能耗计量等5项	总平面设计、外窗、蓄冷蓄热、排风能量回收、可调新风比、部分负荷可用性、余热利用、分项计量等10项	建筑设计总能耗、热电冷联供、可再生能源利用、照明4项
	节水与水资源利用	水系统规划、管网漏损、节水器具、用水安全等5项	雨水利用、节水灌溉、再生水、用水计量等6项	非传统水源利用比例1项
	节材与材料资源利用	建筑材料中有害物质含量规定、装饰性构件规定2项	就地取材、预拌混凝土、材料回收利用、可再循环材料使用、一体化施工、减少浪费等8项	建筑结构体系、可再利用建筑材料比例2项
	室内环境质量	室内设计参数、新风量、空气污染物浓度、噪声、照度等6项	自然通风、可调空调末端、隔声性能、噪声、采光、无障碍设施等6项	可调节外遮阳、空气质量监控、采光改善措施3项
	运营管理	管理制度、达标排放、废弃物处理3项	管理体系认证、设备管道维护、信息网络、自控系统、计量收费等7项	管理激励机制1项

随着绿色建筑各项工作的逐步推进，该标准已不能完全适应现阶段绿色建筑实践和评价的需要，2014年，住房和城乡建设部颁布了《绿色建筑评价标准》(GB/T 50378—2014)。新版《绿色建筑评价标准》比2006年的版本"内容更广泛、要求更严"。该标准在修订过程中，总结了近年来我国绿色建筑评价的实践经验和研究成果，开展了多项专题研究和试评，借鉴了有关国外先进标准经验，广泛征求了有关方面意见。修订后的标准评价对象范围得到扩展，评价阶段更加明确，评价方法更加科学合理，评价指标体系更加完善，整体具有创新性。

与2006年的标准相比，2014年的标准有以下特点。

(1) 定位原则

考虑到我国建筑市场的实际情况，2006年标准侧重于评价总量大的住宅建筑和公共建筑中能源消耗较大的办公楼、商场、宾馆等建筑，而近年来绿色建筑的外延不断扩大，提出了各类别践行绿色理念的需求，2014 年标准适用范围扩展到民用建筑各专主要类型，同时考虑到通用性和可操作性。

(2) 评价方法

2014 标准一大特色为"量化评价"。除少数必须达控制项外，评价条文都赋予了分值，对各类一级指标，分别都有权重值。此外，2014 标准还增设创新项，创新项得分直接加在总得分上，鼓励绿色建筑在技术、管理上的创新和提高。

(3) 篇章结构

2014 标准设 11 章，分别为总则、术语、基本规定、节地与室外环境、节能与能源利用、节水与水资源利用、节材与材料资源利用、室内环境质量、施工管理、运行管理、创新项评价。"施工管理"一项的增加，基本实现了对建筑全寿命期内各环节、各阶段的覆盖。

(4) 评价指标

2014 版的评价指标比 2006 年版更科学、要求更严、内容更广泛，更接近国际水平。各评价技术章均设"控制项"和"评分项"。如评分项方面，"节地与室外环境"下包括土地利用、室外环境、交通设施与公共服务、场地设计与场地生态等四个次分组单元。"施工管理"下包括资源节约、过程管理等两个次分组单元。

2014 标准的具体情况将在后面详细介绍。

2.《绿色办公建筑评价标准》(GB/T 50908—2013)

1) 编制背景

《绿色办公建筑评价标准》对办公建筑进行评价，有三种情况：一是有些评价指标难度过高；二是有些指标难度过低；三是还有个别指标设置不尽合理。编制符合我国国情绿色办公建筑评价标准势在必行。这对加强办公建筑节能减排，提高办公建筑历史品质，完善我国绿色建筑评价体系具有重要意义。

办公建筑作为公共建筑的重要组成部分，属于高能耗建筑，能耗水平差别又大(高与低相差达 32 倍)。据统计，商业办公楼能耗强度年平均值为 $90.52kW\cdot h/(m^2\cdot a)$，大型政府办公楼能耗年平均值为 $79.61kW\cdot h/(m^2\cdot a)$。

大型政府办公建筑社会影响大，如某地方白宫式办公楼设置了大面积的前广场，浪费了土地资源和材料，对社会有负面影响。通过《绿色办公建筑评价标准》来规范办公建筑，可以发挥示范作用，有利于节能减排。

2) 重点评价指标

(1) 节地与室外环境

对容积率、热岛强度、场地风速等相关项目有了定量评价。没有对场地防盗、防止臭气、场地温湿环境(如夏季遮荫)等评价项目。

(2) 节能与能源利用

条文充分考虑地域性、气候性差异，并兼顾了设计阶段、运行阶段的评价操作。

(3) 节水与水资源利用

评价的内容有：绿色办公建筑的整体水环境规划、系统设置、节水器具和设备的选择、节水技术的采纳、再生水和雨水等非传统水的利用等。

（4）节材与材料资源利用

从建材料选用、材料的使用效率、全寿命周期节材等角度制定了相关评价条文。

（5）室内环境质量

借鉴了采光和视野方面的成功经验，吸收了《民用建筑隔声设计规范》（GB 50118—2010）的最新成果，评价的具体要求比国外标准更加合理。

（6）运营管理

对尚无条件定量化的评价指标，具有机动灵活性。对管理制度提出了明确要求，体现了制度是保障的特点。

3.《绿色商店建筑评价标准》（CSUS/GBC 03—2012）

1）编制背景

随着我国城镇化进程的加快，各种大中小型商场大量涌现。商店建筑在繁荣市场经济的同时，给我国的能源、环境、交通带来了很大压力。我国商店建筑全年平均能耗 240kW·h/(m²·a)，是日本等发达国家同类建筑的 1.5～2.0 倍，是普通住宅的 10～20 倍，是宾馆、办公建筑的 2 倍。商店建筑是公共建筑中能耗最大的建筑类型之一，国外很早就重视商店建筑可持续发展，制定了有关评价标准。由中国绿色建筑委员会组织编制的《绿色商店建筑评价标准》，并于 2012 年 10 月 1 日起实施。

2）评价范围

国家标准《绿色商店建筑评价标准》适用于新建、扩建与改建的不同类型的商店建筑，包括商店建筑群、单体商店建筑、综合建筑中的商店区域。

3）篇章结构

国家标准《绿色商店建筑评价标准》包括总则、术语、基本规定、节地与室外环境、节能与能源利用、节水与水资源利用、节材和材料资源利用、室内环境质量、施工管理、运营管理、创新项等 11 部分内容。

4）评价指标与星级

评价指标由七大类评价指标组成。各类指标分控制项和评分项。为鼓励绿色商店建筑技术创新，七大类评价指标体系统一设置创新项，分为一、二、三星级。

5）评价重点

（1）节地与室外环境

控制项为建筑选址、交通规划、对周边环境影响等，突出对商店建筑的合理选址、场地生态保护、污染控制；评分项为侧重绿色出行、基础设施完善、良好周边环境。

（2）节能与能源利用

控制项有围护结构、机组效率、照明等；评分项有围护结构的合理设计，建筑采暖空调和照明部分节能措施的科学评估。

（3）节水与水资源利用

控制项对用水规划、水系统设置、节水器具等内容作出了明确规定；评分项包括商店节水措施和非传统水源利用等。

（4）节材和材料资源利用

评分项是商店建筑材料可循环利用。

(5) 室内环境质量

评分项包括建筑室内声、光、热的合理设计与控制,气流组织的合理性设计、室内粉尘含量控制等。

(6) 施工管理

控制项中对“四节一环保”的具体施工管理作了强制规定;评分项对施工管理和技术分别作了规定,引导绿色施工,减轻施工过程中对环境的影响。

(7) 运营管理

控制项中对运营管理制度和技术规范有明确要求;评分项注重商店建筑系统的高效运营评估。

(8) 创新项

创新项指保护自然资源和生态环境、“四节一环保”、智能化系统建设方面较突出,产生良好的经济、社会、环境效益等。

4.《绿色医院建筑评价标准》(CSUS/GBC 2—2011)

截至2011年末,我国共有医院21979所,其中大多数是公共建筑中的耗能大户。但其因安全性能高,室内外环境要求严格,各功能房间用能用水差别大,故没有列入《绿色建筑评价标准》(GB/T 50378—2006)的评价对象中,制定国家标准《绿色医院建筑评价标准》,对推动我国医院建筑可持续发展意义重大。

2011年8月,中国绿色建筑与节能委员会发布《绿色医院建筑评价标准》(CSUS/GBC 2—2011),该标准评价方法与国家标准《绿色建筑评价标准》一致,评价内容主要有:规划、建筑、设备及系统、环境与环境保护、运行管理等。住房和城乡建设部科技发展促进中心受住房和城乡建设部建筑节能与科技司委托,编制完成了《绿色医院建筑评价技术细则》(报批稿),以上工作都为编制国家标准《绿色医院建筑评价标准》奠定了基础。

现由中国建筑科学研究院、住房和城乡建设部科技发展促进中心会同有关单位共同编制国家标准《绿色医院建筑评价标准》。

背景1:绿色医院与绿色医院建筑的区别

绿色医院包括绿色医院建筑、绿色医疗、绿色运行三方面。其核心是确保医疗安全和良好的医疗效果。绿色医院建筑是绿色医院的重要的物质基础,重点关注医院建筑的“四节一环保”。

背景2:《绿色医院建筑评价标准》《绿色建筑评价标准》与其他医院类建筑设计标准的关系

《绿色建筑评价标准》适用范围不包括医院建筑,但其“四节一环保+运行”评价思路适用于所有绿色建筑的评价。《绿色医院建筑评价标准》将充分考虑到医院建筑本身的特点及我国医院建筑的现状,在《绿色建筑评价标准》的框架类,制定更加科学、适用、实用的评价标准。与医院建筑设计的相关标准很多,标准提出的限值要求,对国家标准《绿色医院建筑评价标准》形成技术支撑。

背景3:《绿色医院建筑评价标准》对不同气候区、不同类型、不同级别医院建筑的适用性

我国医院按医疗技术水平,划分为一、二、三级,按治疗范围可分为综合性医院、专科医

院等。不同地区、不同类别、不同级别的医院在建筑能耗、环境质量、运行管理方面存在差异，如何体现共同的适用性，是编制《绿色医院建筑评价标准》的难点。

背景4：病房环境与办公环境并重

《绿色医院建筑评价标准》在考虑医疗用房环境的同时，还要考虑医护人员的办公环境，如何使二者环境质量并重，是编制《绿色医院建筑评价标准》的难点。

背景5：实现可持续发展的医院建筑运行管理

医院作为城镇的生命线，与一般公共建筑比较，其有非常高的安全性，如何做好医院运行管理和绿色医院建筑运行管理，体现“四节一环保”的理念，是编制《绿色医院建筑评价标准》的难点。

5.《绿色生态城区评价标准》

1）编制背景

当代生态环境恶化，资源能源枯竭，探索生态、低碳、绿色已成为世界各国的共识。国家财政部和住房和城乡建设部《关于加快推动我国绿色建筑发展的实施意见》，明确提出推进绿色生态城区建设，鼓励城市新区按照绿色、生态、低碳理念规划设计，集中连片发展绿色建筑。到目前为止，全国已有100多个不同规模新建的绿色生态区项目。

为促进绿色生态城区的发展，规范绿色生态城区的评价，中国绿色建筑委员会会同有关单位编制学会标准《绿色生态城区评价标准》，目前已完成送审稿。

绿色生态城区追求最大限度地减少资源与能源消耗，保护生态环境，创新人居环境的可持续发展模式，已经成为世界建筑的主流。欧洲、北美、亚洲等区域已经取得了实质性进展。

美国绿色建筑委员会建立并推行的绿色社区认证体系（LEED—ND），主要从选址及连通性、邻里模式与设计、绿色基础建设等三方面提出要求，以实现优选、健康、绿色的邻里开发目的。

日本可持续建筑协会（TJSBC）主要从环境负荷和教学质量两方面对城市可持续发展进行评估，要求对环境产生尽可能小的负荷下保证尽可能高的质量。

英国建筑研究院开发建立了英国建筑研究院环境评估法（BREEAM），从气候、能源、交通、生态环境、商业和社区五方面阐述了关键的环境、社会和经济可持续目标、规划政策需求和实施策略。

2）国内概况

生态城区建设在我国起步较晚，上海东滩生态城项目（2005年）是我国最早开始探索的生态低碳理念区域规划项目。生态城建设的评价体系也处在探索阶段。上海崇明生态岛指标体系包括：社会和谐、经济发展、环境友好、生态文明、管理科学五大领域。曹妃甸生态城区在国内外最新研究的成果的基础上，结合当地的实际，构建了曹妃甸生态城开放性动态指标系统。中新天津生态城运用生态经济、生态人居、生态文化、和谐社区和科学管理的规划理念，突出以人为本，涵盖了生态环境健康、社会和谐进步、经济发展三个方面的控制性指标，指导生态城总体规划和开发建设。

当前我国提出了节能减排、科学发展、和谐社会、生态文明等战略，开展了全国生态城项目试点工程，但指导生态城建设的标准化、生态指标评价体系、技术应用等还有待研究。

3）标准特点

（1）完整性科学性

《绿色生态城区评价标准》评价的内容为绿色建筑的同时，更多地考虑了社会和人文的因素，把评价指标体系分为规划、绿色建筑、生态环境、交通、能源、水资源、信息化、碳排放、人文等九类，注重于人—环境—社会之间的和谐，引导绿色生态城区向人性化、社会化特征发展。

（2）因地制宜

生态城区因区域的不同，气候条件、自然资源、经济发展、民俗文化等有差异，为了体现因地制宜的原则，加强了城区整体性评价，鼓励绿色生态城区建设提出当地特色。

（3）突出节能减排

评价的内容有：开源，指可再生能源利用；节流，从能耗较大的建筑节能和交通节能两方面考虑；能源共享，通过规划对区域内资源进行整合，达到最优化利用。

（4）体现以人为本的和谐发展理念

评价充分考虑到城镇居民和周围农民的生产生活需求，优化城镇的生态环境和景观效应，以利城镇居民的生活水平提高和当地的经济繁荣。

6.《绿色超高层建筑评价技术细则》

为推动我国超高层建筑的可持续发展，规范绿色超高层建筑评价标识，住建部组织编制了《绿色超高层建筑评价技术细则》，并于 2012 年 5 月颁布，作为现阶段开展绿色超高层建筑评价，指导绿色超高层建筑的规划设计、施工验收和运行管理的依据。

1）编制背景

我国城镇化率当前已超过 50%，为缓解城市用地紧张，超高层建筑数量逐渐增多。有些城市为彰显特色，地标性建筑多为超高层。

超高层建筑消耗更多的能源和资源，可能会给城市环境和室内环境带来负面影响。住房和城乡建设部委托下属科技发展促进中心联合上海建筑科学研究院等有关单位共同编制《绿色超高层建筑评价技术细则》。

2）特点

《绿色超高层建筑评价技术细则》根据超高层建筑的特点和国内的实际情况，对节地与室外环境、节能与能源利用、节水与水资源利用、节材与材料资源利用、室内环境质量、运行管理等六部分评价条文进行了分析。

3）适用范围

细则适用于高度 100m 以上绿色超高层公共建筑的评价，主要面向新建超高层建筑（改扩建超高层建筑可参照使用）；评价绿色超高层建筑时，应在确保安全和功能的前提下，依据因地制宜原则，结合建筑所在地域的气候、资源、环境、经济、文化等特点进行。

7.《绿色工业建筑评价标准》（GB/T 50878—2013）

由中国建筑科学研究院、机械工业第六设计研究院等单位主编，国内十几家设计院、高校和科研机构参编的国家标准《绿色工业建筑评价标准》（以下简称“标准”）于 2014 年 3 月

1 日起实施。该标准突出工业建筑的特点和绿色发展要求，是国际上首部专门针对工业建筑的绿色评价标准，填补了国内外针对工业建筑的绿色建筑评价标准的空白，具有科学性、先进性和可操作性，达到了国际领先水平。

《绿色工业建筑评价标准》共十一章。分别是：总则、术语、节地与可持续发展场地、节能与能源利用、节水与水资源利用、节材与材料资源利用、室外环境与污染物控制、室内环境与职业健康、运行管理、技术创新和进步。标准在考虑与现行国家政策、国家和行业标准衔接的同时，注重“绿色发展、低碳经济”新理念的应用，核心内容是节地、节能、节水、节材、环境保护、职业健康和运行管理。标准是各工业行业进行绿色工业建筑评价共同遵守的依据，体现了量化指标和技术要求并重的指导思想，采用权重计分法进行绿色工业建筑的评级，与国际上绿色建筑评价方法保持一致；规定了各行业工业建筑的能耗、水资源利用指标的范围、计算和统计方法。

标准是指导我国工业建筑绿色规划设计、施工验收、运行管理，规范绿色工业建筑评价的重要的技术依据。标准的颁布将有利于我国工业建筑规划、设计、建造、产品、管理一系列环节引入可持续发展的绿色理念，引导工业建筑逐步走向绿色。

8. 中国香港地区 HK-BEAM 体系

《香港建筑环境评估体系》在借鉴英国 BREEAM 体系主要框架的基础上，由香港理工大学于 1996 年制定。它是一套主要针对新建和已使用的办公、住宅建筑的评估体系。

该体系旨在评估建筑的整体环境性能表现，其中对建筑环境性能的评价归纳为场地、材料、能源、水资源、室内环境质量、创新与性能改进六大方面。HK-BEAM 体系的目标是用合理的成本，使用最好的、可行的技术以减少新建建筑对环境的冲击。该体系包括 15 个评估指标，87 个标准；涵盖了全球、本地和室内 3 个环境课题；评价分为 4 级：优秀（70％或更高），很好（60％～70％），良好（45％～60％），符合要求（30％～45％）。评估对象包括：现有办公楼建筑、新建办公楼设计和新建住宅。HK-BEAM 体系可以在规划、设计及施工的任何阶段对建筑进行评估。

2.2　绿色建筑评价标准

本节主要介绍我国《绿色建筑评价标准》（GB/T 50378—2014）的相关内容，以使大家对绿色建筑评价方法、各指标的具体要求等有详细的了解。

2.2.1 绿色建筑评价的基本要求和评价方法

1. 基本要求

绿色建筑的评价应以单栋建筑或建筑群为对象。评价单栋建筑时，凡涉及系统性、整体性的指标，应基于该栋建筑所属工程项目的总体进行评价。绿色建筑的评价分为设计评价和运行评价。设计评价应在建筑工程施工图设计文件审查通过后进行，运行评价应在建筑通过竣工验收并投入使用一年后进行。

绿色建筑评价申请方一般为项目建设单位，申请方应进行建筑全寿命期技术和经济分析，合理确定建筑规模，选用适当的建筑技术、设备和材料，对规划、设计、施工、运行阶段进行全过程控制，并提交分析、测试报告和相关文件。

评价机构应按《绿色建筑评价标准》的有关要求，对申请评价方提交的报告、文件进行审查，出具评价报告，确定等级。对申请运行评价的建筑，尚应进行现场考察。

2. 评价方法和等级

绿色建筑评价指标体系由节地与室外环境、节能与能源利用、节水与水资源利用、节材与材料资源利用、室内环境质量、施工管理、运营管理 7 类指标组成。设计评价时，不对施工管理和运营管理 2 类指标进行评价，但可预评相关条文。运行评价应包括 7 类指标。

每类指标均包括控制项和评分项。为鼓励绿色建筑在节约资源、保护环境方面技术、管理的创新和提高，评价指标体系还统一设置加分项。加分项部分条文本可以分别归类到 7 类指标中，但为了将鼓励性的要求和措施与对绿色建筑的 7 个方面的基本要求区分开来，评价时是将全部加分项条文集中在一起，单独列出。

在具体评价时，控制项的评定结果为满足或不满足；评分项和加分项的评定结果为分值。评价指标体系 7 类指标的总分均为 100 分。7 类指标各自的评分项得分 Q_1、Q_2、Q_3、Q_4、Q_5、Q_6、Q_7 按参评建筑该类指标的评分项实际得分值除以适用于该建筑的评分项总分值再乘以 100 分计算。加分项的附加得分为 Q_8，可按有关规定确定。

绿色建筑评价的总得分 $\sum Q$ 按式(2.1)进行计算，其中评价指标体系 7 类指标评分项的权重 $w_1 \sim w_7$ 按表 2.3 取值。

$$\sum Q = w_1 Q_1 + w_2 Q_2 + w_3 Q_3 + w_4 Q_4 + w_5 Q_5 + w_6 Q_6 + w_7 Q_7 + Q_8 \tag{2.1}$$

表 2.3 绿色建筑各类评价指标的权重

评价阶段及建筑类型		节地 w_1	节能 w_2	节水 w_3	节材 w_4	室内 w_5	施工 w_6	运营 w_7
设计评价	居住建筑	0.21	0.24	0.20	0.17	0.18	—	—
	公共建筑	0.16	0.28	0.18	0.19	0.19	—	—
运行评价	居住建筑	0.17	0.19	0.16	0.14	0.14	0.10	0.10
	公共建筑	0.13	0.23	0.14	0.15	0.15	0.10	0.10

绿色建筑分为一星级、二星级、三星级 3 个等级，绿色建筑等级按总得分情况确定。3 个等级的绿色建筑均应满足本标准所有控制项的要求，且每类指标的评分项得分不应小于 40 分。当绿色建筑总得分分别达到 50 分、60 分、80 分时，绿色建筑等级分别为一星级、二星级、三星级。

2.2.2 节地与室外环境

1. 控制项

(1) 项目选址应符合所在地城乡规划，且应符合各类保护区、文物古迹保护的建设控制要求。

各类保护区是指受到国家法律法规保护、划定有明确的保护范围、制定有相应的保护措施的各类政策区，主要包括：基本农田保护区、风景名胜区、自然保护区、历史文化名城名镇名村、历史文化街区等。

文物古迹是指人类在历史上创造的具有价值的不可移动的实物遗存，包括地面与地下的古遗址、古建筑、古墓葬、石窟寺、古碑石刻、近代代表性建筑、革命纪念建筑等，主要指文物保护单位、保护建筑和历史建筑。

(2) 场地应无洪涝、滑坡、泥石流等自然灾害的威胁，无危险化学品、易燃易爆危险源的威胁，无电磁辐射、含氡土壤等危害。

(3) 场地内不应有排放超标的污染源。

(4) 建筑规划布局应满足日照标准，且不得降低周边建筑的日照标准。

建筑室内的环境质量与日照密切相关，日照直接影响居住者的身心健康和居住生活质量。我国对居住建筑以及幼儿园、医院、疗养院等公共建筑都制定有相应的国家标准或行业标准，对其日照、消防、防灾、视觉卫生等提出了相应的技术要求，直接影响着建筑布局、间距和设计。建筑布局不仅要求本项目所有建筑都满足有关日照标准，还应兼顾周边，减少对相邻的住宅、幼儿园生活用房等有日照标准要求的建筑产生不利的日照遮挡。

"不降低周边建筑的日照标准"是指：对于新建项目的建设，应满足周边建筑有关日照标准的要求。对于改造项目分两种情况：周边建筑改造前满足日照标准的，应保证其改造后仍符合相关日照标准的要求；周边建筑改造前未满足日照标准的，改造后不可再降低其原有的日照水平。

2. 计分项

(1) 节约集约利用土地，评价总分值为 19 分。对居住建筑，根据其人均居住用地指标按表 2.4 的规则评分；对公共建筑，根据其容积率按表 2.5 的规则评分。

表 2.4　居住建筑人均居住用地指标评分规则

居住建筑人均居住用地指标 A/m^2					得分
3 层及以下	4～6 层	7～12 层	13～18 层	19 层及以上	
$35<A\leqslant 41$	$23<A\leqslant 26$	$22<A\leqslant 24$	$20<A\leqslant 22$	$11<A\leqslant 13$	15
$A\leqslant 35$	$A\leqslant 23$	$A\leqslant 22$	$A\leqslant 20$	$A\leqslant 11$	19

表 2.5　公共建筑容积率评分规则

容积率 R	得分
$0.5\leqslant R<0.8$	5
$0.8\leqslant R<1.5$	10
$1.5\leqslant R<3.5$	15
$R\geqslant 3.5$	19

(2) 场地内合理设置绿化用地，评价总分值为 9 分，并按下列规则评分：

居住建筑按下列规则分别评分并累计：

① 住区绿地率：新区建设达到 30%，旧区改建达到 25%，得 2 分；

② 住区人均公共绿地面积：按表 2.6 评分，最高得 7 分。

表 2.6　住区人均公共绿地面积评分规则

住区人均公共绿地面积 A_g		得分
新区建设	旧区改建	
$1.0m^2\leqslant A_g<1.3m^2$	$0.7m^2\leqslant A_g<0.9m^2$	3
$1.3m^2\leqslant A_g<1.5m^2$	$0.9m^2\leqslant A_g<1.0m^2$	5
$A_g\geqslant 1.5m^2$	$A_g\geqslant 1.0m^2$	7

公共建筑按下列规则分别评分并累计：

① 绿地率：按表 2.7 的规则评分，最高得 7 分；

② 绿地向社会公众开放，得 2 分。

表 2.7　公共建筑绿地率评分规则

绿地率 R_g	得分
$30\%\leqslant R_g<35\%$	2
$35\%\leqslant R_g<40\%$	5
$R_g\geqslant 40\%$	7

(3) 合理开发利用地下空间，评价总分值为 6 分，按表 2.8 的规则评分。

表 2.8　地下空间开发利用评分规则

建筑类型	地下空间开发利用指标	得分	
居住建筑	地下建筑面积与地上建筑面积的比率 R_r	$5\%\leqslant R_r<20\%$	2
		$20\%\leqslant R_r<35\%$	4
		$R_r\geqslant 35\%$	6
公共建筑	地下建筑面积与总用地面积之比 R_{p1}；地下一层建筑面积与总用地面积的比率 R_{p2}	$R_{p1}\geqslant 0.5$	3
		$R_{p1}\geqslant 0.7$ 且 $R_{p2}<70\%$	6

(4) 建筑及照明设计避免产生光污染，评价总分值为4分，并按下列规则分别评分并累计：

① 玻璃幕墙可见光反射比不大于0.2，得2分；

② 室外夜景照明光污染的限制符合现行行业标准《城市夜景照明设计规范》(JGJ/T 163—2008)的规定，得2分。

(5) 场地内环境噪声符合现行国家标准《声环境质量标准》(GB 3096—2008)的有关规定，评价分值为4分。

(6) 场地内风环境有利于室外行走、活动舒适和建筑的自然通风，评价总分值为6分，并按下列规则分别评分并累计：

① 在冬季典型风速和风向条件下，按下列规则分别评分并累计：

建筑物周围人行区风速小于5m/s，且室外风速放大系数小于2，得2分；

除迎风第一排建筑外，建筑迎风面与背风面表面风压差不大于5Pa，得1分。

② 过渡季、夏季典型风速和风向条件下，按下列规则分别评分并累计：

场地内人活动区不出现涡旋或无风区，得2分；

50%以上可开启外窗室内外表面的风压差大于0.5Pa，得1分。

(7) 采取措施降低热岛强度，评价总分值为4分，并按下列规则分别评分并累计：

① 红线范围内户外活动场地有乔木、构筑物遮荫措施的面积达到10%，得1分；达到20%，得2分；

② 超过70%的道路路面、建筑屋面的太阳辐射反射系数不小于0.4，得2分。

(8) 场地与公共交通设施具有便捷的联系，评价总分值为9分，并按下列规则分别评分并累计：

① 场地出入口到达公共汽车站的步行距离不大于500m，或到达轨道交通站的步行距离不大于800m，得3分；

② 场地出入口步行距离800m范围内设有2条及以上线路的公共交通站点(含公共汽车站和轨道交通站)，得3分；

③ 有便捷的人行通道联系公共交通站点，得3分。

(9) 场地内人行通道采用无障碍设计，评价分值为3分。

(10) 合理设置停车场所，评价总分值为6分，并按下列规则分别评分并累计：

① 自行车停车设施位置合理、方便出入，且有遮阳防雨措施，得3分；

② 合理设置机动车停车设施，并采取下列措施中至少2项，得3分：

采用机械式停车库、地下停车库或停车楼等方式节约集约用地；

采用错时停车方式向社会开放，提高停车场(库)使用效率；

合理设计地面停车位，不挤占步行空间及活动场所。

(11) 提供便利的公共服务，评价总分值为6分，并按下列规则评分：

① 居住建筑：满足下列要求中3项，得3分；满足4项及以上，得6分：

场地出入口到达幼儿园的步行距离不大于300m；

场地出入口到达小学的步行距离不大于500m；

场地出入口到达商业服务设施的步行距离不大于500m；

相关设施集中设置并向周边居民开放；

场地 1000m 范围内设有 5 种及以上的公共服务设施。

② 公共建筑：满足下列要求中 2 项，得 3 分；满足 3 项及以上，得 6 分：

2 种及以上的公共建筑集中设置，或公共建筑兼容 2 种及以上的公共服务功能；

配套辅助设施设备共同使用、资源共享；

建筑向社会公众提供开放的公共空间；

室外活动场地错时向周边居民免费开放。

(12) 结合现状地形地貌进行场地设计与建筑布局，保护场地内原有的自然水域、湿地和植被，采取表层土利用等生态补偿措施，评价分值为 3 分。

(13) 充分利用场地空间合理设置绿色雨水基础设施，对大于 $10hm^2$ 的场地进行雨水专项规划设计，评价总分值为 9 分，并按下列规则分别评分并累计：

① 下凹式绿地、雨水花园等有调蓄雨水功能的绿地和水体的面积之和占绿地面积的比例达到 30%，得 3 分；

② 合理衔接和引导屋面雨水、道路雨水进入地面生态设施，并采取相应的径流污染控制措施，得 3 分；

③ 硬质铺装地面中透水铺装面积的比例达到 50%，得 3 分。

(14) 合理规划地表与屋面雨水径流，对场地雨水实施外排总量控制，评价总分值为 6 分。其场地年径流总量控制率达到 55%，得 3 分；达到 70%，得 6 分。

(15) 合理选择绿化方式，科学配置绿化植物，评价总分值为 6 分，并按下列规则分别评分并累计：

① 种植适应当地气候和土壤条件的植物，采用乔、灌、草结合的复层绿化，种植区域覆土深度和排水能力满足植物生长需求，得 3 分；

② 居住建筑绿地配植乔木不少于 3 株/$100m^2$，公共建筑采用垂直绿化、屋顶绿化等方式，得 3 分。

2.2.3 节能与能源利用

1. 控制项

(1) 建筑设计应符合国家现行有关建筑节能设计标准中强制性条文的规定。

(2) 不应采用电直接加热设备作为供暖空调系统的供暖热源和空气加湿热源。

(3) 冷热源、输配系统和照明等各部分能耗应进行独立分项计量。

(4) 各房间或场所的照明功率密度值不得高于现行国家标准《建筑照明设计标准》(GB 50034—2013)中的现行值规定。

2. 计分项

(1) 结合场地自然条件，对建筑的体形、朝向、楼距、窗墙比等进行优化设计，评价分值为 6 分。

建筑的体形、朝向、窗墙比、楼距以及楼群的布置都对通风、日照、采光以及遮阳有明显的影响，因而也间接影响建筑的供暖和空调能耗以及建筑室内环境的舒适性，应该给予足够的重视。

如果建筑的体形简单、朝向接近正南正北，楼间距、窗墙比也满足标准要求，可视为设计合理，本条直接得6分。

当建筑物体形等复杂时，应对体形、朝向、楼距、窗墙比等进行综合性优化设计。对于公共建筑，如果经过优化之后的建筑窗墙比都低于0.5，本条直接得6分。

(2) 外窗、玻璃幕墙的可开启部分能使建筑获得良好的通风，评价总分值为6分，并按下列规则评分：

① 设玻璃幕墙且不设外窗的建筑，其玻璃幕墙透明部分可开启面积比例达到5%，得4分；达到10%，得6分。

② 设外窗且不设玻璃幕墙的建筑，外窗可开启面积比例达到30%，得4分；达到35%，得6分。

③ 设玻璃幕墙和外窗的建筑，对其玻璃幕墙透明部分和外窗分别按①、②进行评价，得分取两项得分的平均值。

(3) 围护结构热工性能指标优于国家现行有关建筑节能设计标准的规定，评分总分值为10分，并按下列规则评分：

① 围护结构热工性能比国家现行有关建筑节能设计标准规定的提高幅度达到5%，得5分；达到10%，得10分。

② 供暖空调全年计算负荷降低幅度达到5%，得5分；达到10%，得10分。

(4) 供暖空调系统的冷、热源机组能效均优于现行国家标准《公共建筑节能设计标准》(GB 50189—2015)的规定以及现行有关国家标准能效限定值的要求，评价分值为6分。

对电机驱动的蒸气压缩循环冷水(热泵)机组，直燃型和蒸汽型溴化锂吸收式冷(温)水机组，单元式空气调节机、风管送风式和屋顶式空调机组，多联式空调(热泵)机组，燃煤、燃油和燃气锅炉，其能效指标比现行国家标准《公共建筑节能设计标准》(GB 50189—2015)规定值的提高或降低幅度满足表2.9的要求；对房间空气调节器和家用燃气热水炉，其能效等级满足现行有关国家标准的节能评价值要求。

表2.9　冷、热源机组能效指标比现行国家标准提高或降低幅度

机组类型		能效指标	提高或降低幅度
电机驱动的蒸气压缩循环冷水(热泵)机组		制冷性能系数	提高6%
溴化锂吸收式冷水机组	直燃型	制冷、供热性能系数	提高6%
	蒸汽型	单位制冷量蒸汽耗量	降低6%
单元式空气调节机、风管送风式和屋顶式空调机组		能效比(EER)	提高6%
多联式空调(热泵)机组		制冷综合性能系数(IPLV(C))	提高8%
锅炉	燃煤	热效率	提高3%
	燃油燃气	热效率	提高3%

(5) 集中供暖系统热水循环泵的耗电输热比和通风空调系统风机的单位风量耗功率符合现行国家标准《公共建筑节能设计标准》(GB 50189—2015)等的有关规定，且空调冷热水系统循环水泵的耗电输冷(热)比比现行国家标准《民用建筑供暖通风与空气调节设计规范》(GB 50736—2012)规定值低 20%，评价分值为 6 分。

(6) 合理选择和优化供暖、通风与空调系统，评价总分值为 10 分，根据系统能耗的降低幅度按表 2.10 的规则评分。

表 2.10　供暖、通风与空调系统能耗降低幅度评分规则

供暖、通风与空调系统能耗降低幅度 D_e	得分
$5\% \leqslant D_e < 10\%$	3
$10\% \leqslant D_e < 15\%$	7
$D_e \geqslant 15\%$	10

(7) 采取措施降低过渡季节供暖、通风与空调系统能耗，评价分值为 6 分。

(8) 采取措施降低部分负荷、部分空间使用下的供暖、通风与空调系统能耗，评价总分值为 9 分，并按下列规则分别评分并累计：

① 区分房间的朝向，细分供暖、空调区域，对系统进行分区控制，得 3 分；

② 合理选配空调冷、热源机组台数与容量，制定实施根据负荷变化调节制冷(热)量的控制策略，且空调冷源的部分负荷性能符合现行国家标准《公共建筑节能设计标准》(GB 50189—2015)的规定，得 3 分；

③ 水系统、风系统采用变频技术，且采取相应的水力平衡措施，得 3 分。

(9) 走廊、楼梯间、门厅、大堂、大空间、地下停车场等场所的照明系统采取分区、定时、感应等节能控制措施，评价分值为 5 分。

(10) 照明功率密度值达到现行国家标准《建筑照明设计标准》(GB 50034—2013)中的目标值规定，评价总分值为 8 分。主要功能房间满足要求，得 4 分；所有区域均满足要求，得 8 分。

(11) 合理选用电梯和自动扶梯，并采取电梯群控、扶梯自动启停等节能控制措施，评价分值为 3 分。

(12) 合理选用节能型电气设备，评价总分值为 5 分，按下列规则分别评分并累计：

① 三相配电变压器满足现行国家标准《三相配电变压器能效限定值及节能评价值》(GB 20052—2013)的节能评价值要求，得 3 分；

② 水泵、风机等设备及其他电气装置满足相关现行国家标准的节能评价值要求，得 2 分。

(13) 排风能量回收系统设计合理并运行可靠，评价分值为 3 分。

(14) 合理采用蓄冷蓄热系统，评价分值为 3 分。

(15) 合理利用余热废热解决建筑的蒸汽、供暖或生活热水需求，评价分值为 4 分。

(16) 根据当地气候和自然资源条件，合理利用可再生能源，评价总分值为 10 分，按表 2.11 的规则评分。

表 2.11 可再生能源利用评分规则

可再生能源利用类型和指标		得分
由可再生能源提供的生活用热水比例 R_{hw}	$20\% \leqslant R_{hw} < 30\%$	2
	$30\% \leqslant R_{hw} < 40\%$	3
	$40\% \leqslant R_{hw} < 50\%$	4
	$50\% \leqslant R_{hw} < 60\%$	5
	$60\% \leqslant R_{hw} < 70\%$	6
	$70\% \leqslant R_{hw} < 80\%$	7
	$80\% \leqslant R_{hw} < 90\%$	8
	$90\% \leqslant R_{hw} < 100\%$	9
	$R_{hw} = 100\%$	10
由可再生能源提供的空调用冷量和热量比例 R_{ch}	$20\% \leqslant R_{ch} < 30\%$	4
	$30\% \leqslant R_{ch} < 40\%$	5
	$40\% \leqslant R_{ch} < 50\%$	6
	$50\% \leqslant R_{ch} < 60\%$	7
	$60\% \leqslant R_{ch} < 70\%$	8
	$70\% \leqslant R_{ch} < 80\%$	9
	$R_{ch} \geqslant 80\%$	10
由可再生能源提供的电量比例 R_e	$1.0\% \leqslant R_e < 1.5\%$	4
	$1.5\% \leqslant R_e < 2.0\%$	5
	$2.0\% \leqslant R_e < 2.5\%$	6
	$2.5\% \leqslant R_e < 3.0\%$	7
	$3.0\% \leqslant R_e < 3.5\%$	8
	$3.5\% \leqslant R_e < 4.0\%$	9
	$R_e \geqslant 4.0\%$	10

2.2.4 节水与水资源利用

1. 控制项

(1) 应制定水资源利用方案,统筹利用各种水资源。

(2) 给排水系统设置应合理、完善、安全。

(3) 应采用节水器具。

2. 计分项

(1) 建筑平均日用水量满足现行国家标准《民用建筑节水设计标准》(GB 50555—2010)中的节水用水定额的要求,评价总分值为 10 分,达到节水用水定额的上限值的要求,得 4 分;达到上限值与下限值的平均值要求,得 7 分;达到下限值的要求,得 10 分。

(2) 采取有效措施避免管网漏损,评价总分值为 7 分,并按下列规则分别评分并累计:

① 选用密闭性能好的阀门、设备，使用耐腐蚀、耐久性能好的管材、管件，得 1 分；

② 室外埋地管道采取有效措施避免管网漏损，得 1 分；

③ 设计阶段根据水平衡测试的要求安装分级计量水表；运行阶段提供用水量计量情况和管网漏损检测、整改的报告，得 5 分。

(3) 给水系统无超压出流现象，评价总分值为 8 分。用水点供水压力不大于 0.30MPa，得 3 分；不大于 0.20MPa，且不小于用水器具要求的最低工作压力，得 8 分。

(4) 设置用水计量装置，评价总分值为 6 分，并按下列规则分别评分并累计：

① 按使用用途，对厨房、卫生间、绿化、空调系统、游泳池、景观等用水分别设置用水计量装置，统计用水量，得 2 分；

② 按付费或管理单元，分别设置用水计量装置，统计用水量，得 4 分。

(5) 公用浴室采取节水措施，总分值为 4 分，并按下列规则分别评分并累计：

① 采用带恒温控制和温度显示功能的冷热水混合淋浴器，得 2 分；

② 设置用者付费的设施，得 2 分。

(6) 使用较高用水效率等级的卫生器具，评价总分值为 10 分。用水效率等级达到三级，得 5 分；达到二级，得 10 分。

(7) 绿化灌溉采用节水灌溉方式，评价总分值为 10 分，并按下列规则评分：

① 采用节水灌溉系统，得 7 分；在此基础上设置土壤湿度感应器、雨天关闭装置等节水控制措施，再得 3 分；

② 种植无需永久灌溉植物，得 10 分。

(8) 空调设备或系统采用节水冷却技术，评价总分值为 10 分，并按下列规则评分：

① 循环冷却水系统设置水处理措施；采取加大集水盘、设置平衡管或平衡水箱的方式，避免冷却水泵停泵时冷却水溢出，得 6 分；

② 运行时，冷却塔的蒸发耗水量占冷却水补水量的比例不低于 80%，得 10 分；

③ 采用无蒸发耗水量的冷却技术，得 10 分。

(9) 除卫生器具、绿化灌溉和冷却塔外的其他用水采用了节水技术或措施，评价总分值为 5 分。其他用水中采用了节水技术或措施的比例达到 50%，得 3 分；达到 80%，得 5 分。

(10) 合理使用非传统水源，评价总分值为 15 分，并按下列规则评分：

① 住宅、办公、商场、旅馆类建筑：根据其按下列公式计算的非传统水源利用率，或者其非传统水源利用措施，按表 2.12 的规则评分。

$$R_u = \frac{W_u}{W_t} \times 100\%$$

$$W_u = W_R + W_r + W_s + W_o$$

式中：R_u——非传统水源利用率，%；

W_u——非传统水源设计使用量(设计阶段)或实际使用量(运行阶段)，m^3/a；

W_R——再生水设计利用量(设计阶段)或实际利用量(运行阶段)，m^3/a；

W_r——雨水设计利用量(设计阶段)或实际利用量(运行阶段)，m^3/a；

W_s——海水设计利用量(设计阶段)或实际利用量(运行阶段)，m^3/a；

W_o——其他非传统水源利用量(设计阶段)或实际利用量(运行阶段)，m^3/a；

W_t——设计用水总量(设计阶段)或实际用水总量(运行阶段)，m^3/a。

式中设计使用量为年用水量，由平均日用水量和用水时间计算得出。实际使用量应通过统计全年水表计量的情况计算得出。式中用水量计算不包含冷却水补水量和室外景观水体补水量。

② 其他类型建筑：按下列规则分别评分并累计：

绿化灌溉、道路冲洗、洗车用水采用非传统水源的用水量占其总用水量的比例不低于80%，得7分；

冲厕采用非传统水源的用水量占其用水量的比例不低于50%，得8分。

表 2.12　非传统水源利用率评分规则

建筑类型	非传统水源利用率		非传统水源利用措施				得分
	有市政再生水供应/%	无市政再生水供应/%	室内冲厕	室外绿化灌溉	道路浇洒	洗车用水	
住宅	8.0	4.0	—	●○	●	●	5分
	—	8.0	—	○	○	○	7分
	30.0	30.0	●○	●○	●○	●○	15分
办公	10.0	—	—	●	●	●	5分
	—	8.0	—	○	—	—	10分
	50.0	10.0	●	●○	●○	●○	15分
商业	3.0	—	—	●	●	●	2分
	—	2.5	—	○	—	—	10分
	50.0	3.0	●	●○	●○	●○	15分
旅馆	2.0	—	—	●	●	●	2分

注：“●”为有市政再生水供应时的要求；“○”为无市政再生水供应时的要求。

(11) 冷却水补水使用非传统水源，评价总分值为8分，根据冷却水补水使用非传统水源的量占总用水量的比例按表2.13的规则评分。

表 2.13　冷却水补水使用非传统水源的量占总用水量比例评分规则

冷却水补水使用非传统水源的量占总用水量比例 R_{nt}	得分
$10\% \leqslant R_{nt} < 30\%$	4
$30\% \leqslant R_{nt} < 50\%$	6
$R_{nt} \geqslant 50\%$	8

(12) 结合雨水利用设施进行景观水体设计，景观水体利用雨水的补水量大于其水体蒸发量的60%，且采用生态水处理技术保障水体水质，评价总分值为7分，并按下列规则分别评分并累计：

① 对进入景观水体的雨水采取控制面源污染的措施，得4分；

② 利用水生动、植物进行水体净化，得3分。

2.2.5 节材与材料资源利用

1. 控制项

(1) 不得采用国家和地方禁止和限制使用的建筑材料及制品。

(2) 混凝土结构中梁、柱纵向受力普通钢筋应采用不低于400MPa级的热轧带肋钢筋。

(3) 建筑造型要素应简约,且无大量装饰性构件。

2. 计分项

(1) 择优选用建筑形体,评价总分值为9分。根据国家标准《建筑抗震设计规范》(GB 50011—2010)规定的建筑形体规则性评分,建筑形体不规则,得3分;建筑形体规则,得9分。

(2) 对地基基础、结构体系、结构构件进行优化设计,达到节材效果,评价分值为5分。

(3) 土建工程与装修工程一体化设计,评价总分值为10分,并按下列规则评分:

① 住宅建筑土建与装修一体化设计的户数比例达到30%,得6分;达到100%,得10分。

② 公共建筑公共部位土建与装修一体化设计,得6分;所有部位均土建与装修一体化设计,得10分。

(4) 公共建筑中可变换功能的室内空间采用可重复使用的隔断(墙),评价总分值为5分,根据可重复使用隔断(墙)比例按表2.14的规则评分。

表2.14 可重复使用隔断(墙)比例评分规则

可重复使用隔断(墙)比例 R_{rp}	得分
$30\% \leq R_{rp} < 50\%$	3
$50\% \leq R_{rp} < 80\%$	4
$R_{rp} \geq 80\%$	5

(5) 采用工业化生产的预制构件,评价总分值为5分,根据预制构件用量比例按表2.15的规则评分。

表2.15 预制构件用量比例评分规则

预制构件用量比例 R_{pc}	得分
$15\% \leq R_{pc} < 30\%$	3
$30\% \leq R_{pc} < 50\%$	4
$R_{pc} \geq 50\%$	5

(6) 采用整体化定型设计的厨房、卫浴间,评价总分值为6分,并按下列规则分别评分并累计:

① 采用整体化定型设计的厨房,得3分;

② 采用整体化定型设计的卫浴间,得3分。

(7) 选用本地生产的建筑材料，评价总分值为 10 分，根据施工现场 500km 以内生产的建筑材料重量占建筑材料总重量的比例按表 2.16 的规则评分。

表 2.16　施工现场 500km 以内生产的建筑材料重量占建筑材料总重量比例评分规则

施工现场 500km 以内生产的建筑材料重量占建筑材料总重量的比例 R_{lm}	得分
$60\% \leqslant R_{lm} < 70\%$	6
$70\% \leqslant R_{lm} < 90\%$	8
$R_{lm} \geqslant 90\%$	10

(8) 现浇混凝土采用预拌混凝土，评价分值为 10 分。

(9) 建筑砂浆采用预拌砂浆，评价总分值为 5 分。建筑砂浆采用预拌砂浆的比例达到 50%，得 3 分；达到 100%，得 5 分。

(10) 合理采用高强建筑结构材料，评价总分值为 10 分，并按下列规则评分：

① 混凝土结构。

根据 400MPa 级及以上受力普通钢筋的比例，按表 2.17 的规则评分，最高得 10 分。

表 2.17　400MPa 级及以上受力普通钢筋的比例评分规则

400MPa 级及以上受力普通钢筋的比例 R_{sb}	得分
$30\% \leqslant R_{sb} < 50\%$	4
$50\% \leqslant R_{sb} < 70\%$	6
$70\% \leqslant R_{sb} < 85\%$	8
$R_{sb} \geqslant 85\%$	10

混凝土竖向承重结构采用强度等级不小于 C50 混凝土用量占竖向承重结构中混凝土总量的比例达到 50%，得 10 分。

② 钢结构，Q345 及以上高强钢材用量占钢材总量的比例达到 50%，得 8 分；达到 70%，得 10 分。

③ 混合结构，对其混凝土结构部分和钢结构部分，分别按本条第 1 款和第 2 款进行评价，得分取两项得分的平均值。

(11) 合理采用高耐久性建筑结构材料，评价分值为 5 分。对混凝土结构，其中高耐久性混凝土用量占混凝土总量的比例达到 50%；对钢结构，采用耐候结构钢或耐候型防腐涂料。

(12) 采用可再利用材料和可再循环材料，评价总分值为 10 分，并按下列规则评分：

① 住宅建筑中的可再利用材料和可再循环材料用量比例达到 6%，得 8 分；达到 10%，得 10 分。

② 公共建筑中的可再利用材料和可再循环材料用量比例达到 10%，得 8 分；达到 15%，得 10 分。

(13) 使用以废弃物为原料生产的建筑材料，评价总分值为 5 分，并按下列规则评分：

① 采用一种以废弃物为原料生产的建筑材料，其占同类建材的用量比例达到 30%，得 3 分；达到 50%，得 5 分。

② 采用两种及以上以废弃物为原料生产的建筑材料，每一种用量比例均达到 30%，得

5分。

(14) 合理采用耐久性好、易维护的装饰装修建筑材料,评价总分值为5分,并按下列规则分别评分并累计:

① 合理采用清水混凝土,得2分;

② 采用耐久性好、易维护的外立面材料,得2分;

③ 采用耐久性好、易维护的室内装饰装修材料,得1分。

2.2.6 室内环境质量

1. 控制项

(1) 主要功能房间的室内噪声级应满足现行国家标准《民用建筑隔声设计规范》(GB 50118—2010)中的低限要求。

(2) 主要功能房间的外墙、隔墙、楼板和门窗的隔声性能应满足现行国家标准《民用建筑隔声设计规范》(GB 50118—2010)中的低限要求。

(3) 建筑照明数量和质量应符合现行国家标准《建筑照明设计标准》(GB 50034—2013)的规定。

(4) 采用集中供暖空调系统的建筑,房间内的温度、湿度、新风量等设计参数应符合现行国家标准《民用建筑供暖通风与空气调节设计规范》(GB 50736—2012)的规定。

(5) 在室内设计温、湿度条件下,建筑围护结构内表面不得结露。

(6) 屋顶和东西外墙隔热性能应满足现行国家标准《民用建筑热工设计规范》(GB 50176—1993)的要求。

(7) 室内空气中的氨、甲醛、苯、总挥发性有机物、氡等污染物浓度应符合现行国家标准《室内空气质量标准》(GB/T 18883—2002)的有关规定。

2. 计分项

(1) 主要功能房间室内噪声级,评价总分值为6分。噪声级达到现行国家标准《民用建筑隔声设计规范》(GB 50118—2010)中的低限标准限值和高要求标准限值的平均值,得3分;达到高要求标准限值,得6分。

(2) 主要功能房间的隔声性能良好,评价总分值为9分,并按下列规则分别评分并累计:

① 构件及相邻房间之间的空气声隔声性能达到现行国家标准《民用建筑隔声设计规范》(GB 50118—2010)中的低限标准限值和高要求标准限值的平均值,得3分;达到高要求标准限值,得5分;

② 楼板的撞击声隔声性能达到现行国家标准《民用建筑隔声设计规范》(GB 50118—2010)中的低限标准限值和高要求标准限值的平均值,得3分;达到高要求标准限值,得4分。

(3) 采取减少噪声干扰的措施,评价总分值为4分,并按下列规则分别评分并累计:

① 建筑平面、空间布局合理,没有明显的噪声干扰,得2分;

② 采用同层排水或其他降低排水噪声的有效措施，使用率不小于50%，得2分。

(4) 公共建筑中的多功能厅、接待大厅、大型会议室和其他有声学要求的重要房间进行专项声学设计，满足相应功能要求，评价分值为3分。

(5) 建筑主要功能房间具有良好的户外视野，评价分值为3分。对居住建筑，其与相邻建筑的直接间距超过18m；对公共建筑，其主要功能房间能通过外窗看到室外自然景观，无明显视线干扰。

(6) 主要功能房间的采光系数满足现行国家标准《建筑采光设计标准》(GB 50033—2013)的要求，评价总分值为8分，并按下列规则评分：

① 居住建筑，卧室、起居室的窗地面积比达到1/7，得6分；达到1/6，得8分；

② 公共建筑，根据主要功能房间采光系数满足现行国家标准《建筑采光设计标准》(GB 50033—2013)要求的面积比例，按表2.18的规则评分，最高得8分。

表2.18　公共建筑主要功能房间采光系数满足现行国家标准《建筑采光设计标准》(GB 50033—2013)要求的面积比例评分规则

面积比例 R_A	得分
$60\% \leqslant R_A < 65\%$	4
$65\% \leqslant R_A < 70\%$	5
$70\% \leqslant R_A < 75\%$	6
$75\% \leqslant R_A < 80\%$	7
$R_A \geqslant 80\%$	8

(7) 改善建筑室内天然采光效果，评价总分值为14分，并按下列规则分别评分并累计：

① 主要功能房间有合理的控制眩光措施，得6分；

② 内区采光系数满足采光要求的面积比例达到60%，得4分；

③ 根据地下空间平均采光系数不小于0.5%的面积与首层地下室面积的比例，按表2.19的规则评分，最高得4分。

表2.19　地下空间平均采光系数不小于0.5%的面积与首层地下室面积的比例评分规则

面积比例 R_A	得分
$5\% \leqslant R_A < 10\%$	1
$10\% \leqslant R_A < 15\%$	2
$15\% \leqslant R_A < 20\%$	3
$R_A \geqslant 20\%$	4

(8) 采取可调节遮阳措施，降低夏季太阳辐射得热，评价总分值为12分。外窗和幕墙透明部分中，有可控遮阳调节措施的面积比例达到25%，得6分；达到50%，得12分。

(9) 供暖空调系统末端现场可独立调节，评价总分值为8分。供暖、空调末端装置可独立启停的主要功能房间数量比例达到70%，得4分；达到90%，得8分。

(10) 优化建筑空间、平面布局和构造设计，改善自然通风效果，评价总分值为13分，并按下列规则评分：

① 居住建筑按下列2项的规则分别评分并累计。

通风开口面积与房间地板面积的比例在夏热冬暖地区达到10%，在夏热冬冷地区达到

8%，在其他地区达到5%，得10分；

设有明卫，得3分。

② 公共建筑，根据在过渡季典型工况下主要功能房间平均自然通风换气次数不小于2次/h的数量比例，按表2.20的规则评分，最高得13分。

表2.20 公共建筑过渡季典型工况下主要功能房间平均自然通风换气次数不小于2次/h的数量比例评分规则

房间数量比例 R_R	得分
$60\% \leqslant R_R < 65\%$	6
$65\% \leqslant R_R < 70\%$	7
$70\% \leqslant R_R < 75\%$	8
$75\% \leqslant R_R < 80\%$	9
$80\% \leqslant R_R < 85\%$	10
$85\% \leqslant R_R < 90\%$	11
$90\% \leqslant R_R < 95\%$	12
$R_A \geqslant 95\%$	13

(11) 气流组织合理，评价总分值为7分，并按下列规则分别评分并累计：

① 重要功能区域供暖、通风与空调工况下的气流组织满足热环境参数设计要求，得4分；

② 避免卫生间、餐厅、地下车库等区域的空气和污染物串通到其他空间或室外活动场所，得3分。

(12) 主要功能房间中人员密度较高且随时间变化大的区域设置室内空气质量监控系统，评价总分值为8分，并按下列规则分别评分并累计：

① 对室内的二氧化碳浓度进行数据采集、分析，并与通风系统联动，得5分；

② 实现室内污染物浓度超标实时报警，并与通风系统联动，得3分。

(13) 地下车库设置与排风设备联动的一氧化碳浓度监测装置，评价分值为5分。

2.2.7 施工管理

1. 控制项

(1) 应建立绿色建筑项目施工管理体系和组织机构，并落实各级责任人。

(2) 施工项目部应制定施工全过程的环境保护计划，并组织实施。

(3) 施工项目部应制定施工人员职业健康安全管理计划，并组织实施。

(4) 施工前应进行设计文件中绿色建筑重点内容的专项交底。

2. 计分项

(1) 采取洒水、覆盖、遮挡等降尘措施，评价分值为6分。

(2) 采取有效的降噪措施。在施工场界测量并记录噪声，满足现行国家标准《建筑施工场界环境噪声排放标准》(GB 12523—2011)的规定，评价分值为6分。

(3) 制定并实施施工废弃物减量化、资源化计划，评价总分值为10分，并按下列规则分别评分并累计：

① 制定施工废弃物减量化、资源化计划，得3分；

② 可回收施工废弃物的回收率不小于80%，得3分；

③ 根据每10000m² 建筑面积的施工固体废弃物排放量，按表2.21的规则评分，最高得4分。

表2.21　每10000m² 建筑面积施工固体废弃物排放量评分规则

每10000m² 建筑面积施工固体废弃物排放量 SW_c	得分
$350t < SW_c \leqslant 400t$	1
$300t < SW_c \leqslant 350t$	3
$SW_c \leqslant 300t$	4

(4) 制定并实施施工节能和用能方案，监测并记录施工能耗，评价总分值为8分，并按下列规则分别评分并累计：

① 制定并实施施工节能和用能方案，得1分；

② 监测并记录施工区、生活区的能耗，得3分；

③ 监测并记录主要建筑材料、设备从供货商提供的货源地到施工现场运输的能耗，得3分；

④ 监测并记录建筑施工废弃物从施工现场到废弃物处理/回收中心运输的能耗，得1分。

(5) 制定并实施施工节水和用水方案，监测并记录施工水耗，评价总分值为8分，并按下列规则分别评分并累计：

① 制定并实施施工节水和用水方案，得2分；

② 监测并记录施工区、生活区的水耗数据，得4分；

③ 监测并记录基坑降水的抽取量、排放量和利用量数据，得2分。

(6) 减少预拌混凝土的损耗，评价总分值为6分。损耗率降低至1.5%，得3分；降低至1.0%，得6分。

(7) 采取措施降低钢筋损耗，评价总分值为8分，并按下列规则评分：

① 80%以上的钢筋采用专业化生产的成型钢筋，得8分；

② 根据现场加工钢筋损耗率，按表2.22的规则评分，最高得8分。

表2.22　现场加工钢筋损耗率评分规则

现场加工钢筋损耗率 LR_{sb}	得分
$3.5\% < LR_{sb} \leqslant 4.0\%$	4
$1.5\% < LR_{sb} \leqslant 3.0\%$	6
$LR_{sb} \leqslant 1.5\%$	8

(8) 使用工具式定型模板，增加模板周转次数，评价总分值为10分，根据工具式定型模板使用面积占模板工程总面积的比例按表2.23的规则评分。

表2.23 工具式定型模板使用面积占模板工程总面积比例评分规则

工具式定型模板使用面积占模板工程总面积的比例 R_{fs}	得分
$50\%\leqslant R_{fs}<70\%$	6
$70\%\leqslant R_{fs}<85\%$	8
$R_{fs}\geqslant 85\%$	10

(9) 实施设计文件中绿色建筑重点内容，评价总分值为4分，并按下列规则分别评分并累计：

① 参建各方进行绿色建筑重点内容的专项会审，得2分；

② 施工过程中以施工日志记录绿色建筑重点内容的实施情况，得2分。

(10) 严格控制设计文件变更，避免出现降低建筑绿色性能的重大变更，评分分值为4分。

(11) 施工过程中采取相关措施保证建筑的耐久性，评价总分值为8分，并按下列规则分别评分并累计：

① 对保证建筑结构耐久性的技术措施进行相应检测并记录，得3分；

② 对有节能、环保要求的设备进行相应检测并记录，得3分；

③ 对有节能、环保要求的装修装饰材料进行相应检测并记录，得2分。

(12) 实现土建装修一体化施工，评价总分值为14分，并按下列规则分别评分并累计：

① 工程竣工时主要功能空间的使用功能完备，装修到位，得3分；

② 提供装修材料检测报告、机电设备检测报告、性能复试报告，得4分；

③ 提供建筑竣工验收证明、建筑质量保修书、使用说明书，得4分；

④ 提供业主反馈意见书，得3分。

(13) 工程竣工验收前，由建设单位组织有关责任单位，进行机电系统的综合调试和联合试运转，结果符合设计要求，评价分值为8分。

2.2.8 运营管理

1. 控制项

(1) 应制定并实施节能、节水、节材、绿化管理制度。

(2) 应制定垃圾管理制度，合理规划垃圾物流，对生活废弃物进行分类收集，垃圾容器设置规范。

(3) 运行过程中产生的废气、污水等污染物应达标排放。

(4) 节能、节水设施应工作正常，且符合设计要求。

(5) 供暖、通风、空调、照明等设备的自动监控系统应工作正常，且运行记录完整。

2. 计分项

(1) 物业管理部门获得有关管理体系认证，评价总分值为10分，并按下列规则分别评分并累计：

① 具有ISO 14001环境管理体系认证，得4分；

② 具有ISO 9001质量管理体系认证，得4分；

③ 具有现行国家标准《能源管理体系要求》(GB/T 23331—2013)的能源管理体系认证，得2分。

(2) 节能、节水、节材、绿化的操作规程、应急预案等完善，且有效实施，评价总分值为8分，并按下列规则分别评分并累计：

① 相关设施的操作规程在现场明示，操作人员严格遵守规定，得6分；

② 节能、节水设施运行具有完善的应急预案，得2分。

(3) 实施能源资源管理激励机制，管理业绩与节约能源资源、提高经济效益挂钩，评价总分值为6分，并按下列规则分别评分并累计：

① 物业管理机构的工作考核体系中包含能源资源管理激励机制，得3分；

② 与租用者的合同中包含节能条款，得1分；

③ 采用合同能源管理模式，得2分。

(4) 建立绿色教育宣传机制，编制绿色设施使用手册，形成良好的绿色氛围，评价总分值为6分，并按下列规则分别评分并累计：

① 有绿色教育宣传工作记录，得2分；

② 向使用者提供绿色设施使用手册，得2分；

③ 相关绿色行为与成效获得公共媒体报道，得2分。

(5) 定期检查、调试公共设施设备，并根据运行检测数据进行设备系统的运行优化，评价总分值为10分，并按下列规则分别评分并累计：

① 具有设施设备的检查、调试、运行、标定记录，且记录完整，得7分；

② 制定并实施设备能效改进等方案，得3分。

(6) 对空调通风系统进行定期检查和清洗，评价总分值为6分，并按下列规则分别评分并累计：

① 制定空调通风设备和风管的检查和清洗计划，得2分；

② 实施第1款中的检查和清洗计划，且记录保存完整，得4分。

(7) 非传统水源的水质和用水量记录完整、准确，评价总分值为4分，并按下列规则分别评分并累计：

① 定期进行水质检测，记录完整、准确，得2分；

② 用水量记录完整、准确，得2分。

(8) 智能化系统的运行效果满足建筑运行与管理的需要，评价总分值为12分，并按下列规则分别评分并累计：

① 居住建筑的智能化系统满足现行行业标准《居住区智能化系统配置与技术要求》(CJ/T 174—2003)的基本配置要求，公共建筑的智能化系统满足现行国家标准《智能建筑设计标准》(GB 50314—2015)的基础配置要求，得6分；

② 智能化系统工作正常,符合设计要求,得6分。

(9) 应用信息化手段进行物业管理,建筑工程、设施、设备、部品、能耗等档案及记录齐全,评价总分值为10分,并按下列规则分别评分并累计:

① 设置物业信息管理系统,得5分;

② 物业管理信息系统功能完备,得2分;

③ 记录数据完整,得3分。

(10) 采用无公害病虫害防治技术,规范杀虫剂、除草剂、化肥、农药等化学药品的使用,有效避免对土壤和地下水环境的损害,评价总分值为6分,并按下列规则分别评分并累计:

① 建立和实施化学药品管理责任制,得2分;

② 病虫害防治用品使用记录完整,得2分;

③ 采用生物制剂、仿生制剂等无公害防治技术,得2分。

(11) 栽种和移植的树木一次成活率大于90%,植物生长状态良好,评价总分值为6分,并按下列规则分别评分并累计:

① 工作记录完整,得4分;

② 现场观感良好,得2分。

(12) 垃圾收集站(点)及垃圾间不污染环境,不散发臭味,评价总分值为6分,并按下列规则分别评分并累计:

① 垃圾站(间)定期冲洗,得2分;

② 垃圾及时清运、处置,得2分;

③ 周边无臭味,用户反映良好,得2分。

(13) 实行垃圾分类收集和处理,评价总分值为10分,并按下列规则分别评分并累计:

① 垃圾分类收集率达到90%,得4分;

② 可回收垃圾的回收比例达到90%,得2分;

③ 对可生物降解垃圾进行单独收集和合理处置,得2分;对有害垃圾进行单独收集和合理处置,得2分。

2.2.9 提高与创新

1. 一般规定

(1) 绿色建筑评价时,应按本章规定对加分项进行评价。加分项包括性能提高和创新两部分。

(2) 加分项的附加得分为各加分项得分之和。当附加得分大于10分时,应取为10分。

2. 加分项

(1) 围护结构热工性能比国家现行有关建筑节能设计标准的规定高20%,或者供暖空调全年计算负荷降低幅度达到15%，评价分值为2分。

(2) 供暖空调系统的冷、热源机组能效均优于现行国家标准《公共建筑节能设计标准》(GB 50189—2015)的规定以及现行有关国家标准能效节能评价值的要求，评价分值为1分。对电机驱动的蒸气压缩循环冷水(热泵)机组，直燃型和蒸汽型溴化锂吸收式冷(温)水机组，单元式空气调节机、风管送风式和屋顶式空调机组，多联式空调(热泵)机组，燃煤、燃油和燃气锅炉，其能效指标比现行国家标准《公共建筑节能设计标准》(GB 50189—2015)规定值的提高或降低幅度满足表2.24的要求；对房间空气调节器和家用燃气热水炉，其能效等级满足现行有关国家标准规定的1级要求。

表2.24　冷、热源机组能效指标比现行国家标准《公共建筑节能设计标准》(GB 50189—2015)的提高或降低幅度

机组类型		能效指标	提高或降低幅度
电机驱动的蒸气压缩循环冷水(热泵)机组		制冷性能系数(COP)	提高12%
溴化锂吸收式冷水机组	直燃型	制冷、供热性能系数(COP)	提高12%
	蒸汽型	单位制冷量蒸汽耗量	降低12%
单元式空气调节机、风管送风式和屋顶式空调机组		能效比(EER)	提高12%
多联式空调(热泵)机组		制冷综合性能系数(IPLV(C))	提高16%
锅炉	燃煤	热效率	提高6%
	燃油燃气	热效率	提高4%

(3) 采用分布式热电冷联供技术，系统全年能源综合利用率不低于70%，评价分值为1分。

(4) 卫生器具的用水效率均为国家现行有关卫生器具用水等级标准规定的1级，评价分值为1分。

(5) 采用资源消耗少和环境影响小的建筑结构体系，评价分值为1分。

(6) 对主要功能房间采取有效的空气处理措施，评价分值为1分。

(7) 室内空气中的氨、甲醛、苯、总挥发性有机物、氡、可吸入颗粒物等污染物浓度不高于现行国家标准《室内空气质量标准》(GB/T 18883—2002)规定限值的70%，评价分值为1分。

(8) 建筑方案充分考虑建筑所在地域的气候、环境、资源，结合场地特征和建筑功能，进行技术经济分析，显著提高能源资源利用效率和建筑性能，评价分值为2分。

(9) 合理选用废弃场地进行建设，或充分利用尚可使用的旧建筑，评价分值为1分。

(10) 应用建筑信息模型(BIM)技术，评价总分值为2分。在建筑的规划设计、施工建造和运行维护阶段中的一个阶段应用，得1分；在两个或两个以上阶段应用，得2分。

(11) 进行建筑碳排放计算分析，采取措施降低单位建筑面积碳排放强度，评价分值为1分。

(12) 采取节约能源资源、保护生态环境、保障安全健康的其他创新，并有明显效益，评价总分值为2分。采取一项，得1分；采取两项及以上，得2分。

思 考 题

1. 我国最新的绿色建筑评价标准中的指标体系是如何划分的?

2. 绿色建筑评价中控制项的作用?

3. 如何理解国内外绿色建筑评价中的差异?

4. 结合所学专业对比绿色建筑要求指标与普通建筑要求的差异,并思考对建筑设计、建造的影响。

第3章

绿色建筑技术

学习目标：结合所学专业掌握相应技术的基本知识、技术特点和适用情况。

学习重点：绿色建筑相关技术，包括建筑节能设计与技术、可再生能源利用技术、城市雨水再利用技术、污水再利用技术、建筑节材技术等。

3.1 建筑节能设计与技术

建筑节能是指建筑物在建造和使用过程中，采用节能型的建筑规划、设计，使用节能型的材料、器具、产品和技术，以提高建筑物的保暖隔热性能，减少采暖、制冷、照明等消耗。在满足人们对建筑舒适性需求的前提下，达到建筑物使用过程中能源利用率得以提高的目的。在建筑的规划、设计、建造和使用过程中，通过执行建筑节能标准，提高建筑围护结构热工性能，采用节能型用能系统和可再生能源利用系统，降低建筑能源消耗。

建筑节能设计的主要内容一般包括建筑围护结构的节能设计和采暖空调系统的节能设计两大部分。建筑围护结构节能设计主要包括：建筑物墙体节能设计、屋面节能设计、门窗节能设计、楼地面节能设计等。下面重点针对建筑围护结构的节能设计进行介绍。

3.1.1 建筑体型与平面设计

1. 建筑平面形状与节能的关系

建筑物的平面形状主要取决于建筑的功能及建筑物用地的形状，但从建筑热工的角度来看，过于复杂的平面形状往往会增加建筑物的外表面积，带来采暖能耗的大幅增加，因此，从建筑节能设计的角度出发，在满足建筑功能要求的前提下，建筑平面设计应注意使外围护结构表面积 A 与建筑体积 V 之比尽可能小，以减小散热面积及散热量。当然，对空调房间，应对其得热和散热情况进行具体分析。

例如一建筑物平面为正方形尺寸 40m×40m，高度为 17m，假定该建筑的耗热量为 100%，则相同体积下不同平面形式的建筑物采暖能耗的相对比值如表 3.1 所示。

表 3.1 建筑平面形状与能耗的关系

	正方形	长方形	细长方形	L 形	回字形	U 形
A/V	0.16	0.17	0.18	0.195	0.21	0.25
能耗/%	100	106	114	124	136	163

2. 建筑长度与节能的关系

在高度及宽度一定的条件下，对南北朝向的建筑来说，增加居住建筑的长度对节能是有利的，长度小于 100m，能耗增加较大。

例如：建筑物的长度从 100m 减至 50m，能耗增加 8%～10%；从 100m 减至 25m，对 5 层住宅能耗增加 25%，对 9 层住宅能耗增加 17%～20%。若假定长度为 100m 的某住宅建筑能耗为 100%，则其他长度建筑的能耗相对值如表 3.2 所示。

表 3.2 建筑长度与建筑能耗的关系

室外计算温度/℃	住宅建筑长度/m				
	25	50	100	150	200
-20	121%	110%	100%	97.9%	96.1%
-30	119%	109%	100%	98.3%	96.5%
-40	117%	108%	100%	98.3%	96.7%

3. 建筑宽度与节能的关系

在建筑物高度和长度一定的情况下，居住建筑的宽度与能耗的关系如表 3.3 所示，表中假定宽度为 11m 的建筑能耗为 100%。由表可看出，随建筑物宽度的增加，建筑的能耗减少。建筑宽度从 11m 增加到 14m 时，建筑能耗可减少 6%～7%；宽度增加到 15～16m 时，则能耗减少 12%～14%。

表 3.3 建筑宽度与建筑能耗的关系

室外计算温度/℃	住宅建筑宽度/m							
	11	12	13	14	15	16	17	18
-20	100%	95.7%	92.0%	88.7%	86.2%	83.6%	81.6%	80.0%
-30	100%	95.2%	93.1%	90.3%	88.3%	86.6%	84.6%	83.1%
-40	100%	96.7%	93.7%	91.1%	89.0%	87.1%	84.3%	84.2%

4. 建筑平面布局与节能的关系

合理的建筑平面布局会给建筑在使用上带来极大的方便，同时也可以有效改善室内的热舒适度和有利于建筑节能。在节能建筑设计中，主要应从合理的热环境分区及设置温度阻尼两个方面来考虑建筑平面的布局。

不同的房间有不同的使用功能，因而，其对室内热环境的要求可能也存在差异。在设计中，应根据房间对热环境的要求进行合理分区，将对温度要求相近的房间相对集中布置。如对冬季室温要求稍高、夏季室温要求稍低的房间设置在建筑核心区；将冬季室温要求稍低、夏季室温要求稍高的房间设置在建筑平面中紧邻外围护结构的区域，作为核心区和室外空间的温度阻尼区，以减少供热能耗。在夏季将温湿度要求相同或接近的房间相邻布置。

为保证主要使用房间的室内热环境质量，可结合使用情况，在该类房间与室外空间之间设置各式各样的温度阻尼区。这些温度阻尼区就像是一道"热闸"，不但可以使房间外墙的传热损失减少，而且大大减少了房间的冷风渗透，从而也减少了建筑物的渗透热损失。冬季设于南向的日光间、封闭阳台、外门设置门斗等都具有温度阻尼区的作用，是冬（夏）季减少耗热（冷）的一个有效措施。

5. 建筑体形系数

建筑物体形系数是指建筑物的外表面积与外表面积所包的体积之比。体形系数是表征建筑热工特性的一个重要指标，与建筑物的层数、体量、形状等因素有关。体形系数越大，则表现出建筑的外围护结构面积大；体形系数越小，则表现出建筑外围护结构面积小。

体形系数的大小对建筑能耗的影响非常显著。体形系数越小、单位建筑面积对应的外表面积越小，外围护结构的传热损失也越小。从降低建筑能耗的角度出发，应该将体形系数控制在一个较低的水平上。但是，体形系数不只是影响外围护结构的传热损失，它还与建筑造型、平面布局、采光通风等紧密相关。体形系数过小将制约建筑师的创造性，造成建筑造型呆板、平面布局困难，甚至损害建筑功能。因此应权衡利弊，兼顾不同类型的建筑造型，来确定体形系数。当体形系数超过规定时，则要求提高建筑围护结构的保温隔热性能，通过建筑围护结构热工性能综合判断，确保实现节能目标。

我国《严寒和寒冷地区居住建筑节能设计标准》（JGJ 26—2010）中规定：严寒和寒冷地区居住建筑的体形系数不应大于表 3.4 规定的限值，否则必须按照相关条款要求进行围护结构热工性能的权衡判断。

表 3.4　严寒和寒冷地区居住建筑的体形系数限值

地　区	建筑层数			
	≤3 层	4～8 层	9～13 层	≥14 层
严寒地区	0.50	0.30	0.28	0.25
寒冷地区	0.52	0.33	0.30	0.26

《夏热冬暖地区居住建筑节能设计标准》（JGJ 75—2012）中规定：北区内（北区即建筑节能设计中应主要考虑夏季空调兼顾冬季采暖的地区），单元式、通廊式住宅的体形系数不宜大于 0.35，塔式住宅的体形系数不宜大于 0.40。

《夏热冬冷地区居住建筑节能设计标准》(JGJ 134—2010)中规定：夏热冬冷地区居住建筑的体形系数不应大于表3.5中规定的限值，否则必须按照相关条款要求进行建筑围护结构热工性能的综合判断。

表3.5 夏热冬冷地区居住建筑的体形系数限值

建筑层数	≤3层	4～11层	≥12层
建筑的体形系数	0.55	0.40	0.35

《公共建筑节能设计标准》(GB 50189—2005)中规定：严寒、寒冷地区建筑的体形系数不应大于0.40。当不能满足规定时，必须按相关条款规定进行权衡判断。

3.1.2 建筑墙体节能技术

1. 建筑外墙保温设计

外墙按其保温材料及构造类型，主要可分为单一保温材料墙体和单设保温层复合保温墙体。常见的单一保温墙体有加气混凝土保温墙体、各种多孔砖墙体、空心砌块墙体等。在单设保温层复合保温墙体中，根据保温层在墙体中的位置又可分为内保温墙体、外保温墙体和夹心保温墙体。

随着节能标准的不断提高，大多数单一材料保温墙体难以满足包括节能在内的多方面技术指标要求，而单设保温层的复合墙体由于采用了新型高效保温材料而具有更为优良的热工性能，且结构层、保温层都可充分发挥各自材料的特性和优点，既不使墙体过厚又可以满足保温节能的要求，也可满足抗震、承重以及耐久性等多方面的技术要求。

在三种单设保温层的复合墙体中，因外墙外保温系统技术合理、有明显的优越性，且适用范围广，不仅适用于新建建筑，也适用于既有建筑的节能改造，从而成为国内重点推广的建筑保温技术。外墙外保温技术具有以下七大优势。

(1) 保护主体结构、延长建筑物寿命

采用外保温技术，由于保温层置于建筑物围护结构外侧，缓冲了因温度变化导致结构变形产生的应力，避免了雨、雪、冻、融、干、湿循环造成的结构破坏，减少了空气中有害气体和紫外线对围护结构的侵蚀。因此，外保温有效地提高了主体结构的使用寿命，减少长期维护费用。

(2) 基本消除热桥的影响

热桥指的是在内外墙交界处、构造柱、框架梁、门窗洞等部位，形成的主要散热渠道。对内保温而言，热桥是难以避免的；而外保温既可以防止热桥部位产生结露，又可以消除热桥造成的热损失。

(3) 使墙体潮湿情况得到改善

一般情况下，内保温需设置隔汽层，而采用外保温时，由于蒸汽透性高的主体结构材料处于保温层的内侧，只要保温材料选材适当，在墙体内部一般不会发生冷凝现象，故无需设置隔汽层。

(4) 有利于保持室温稳定

室内温差过大常常使抵抗力弱的老人或小孩患病，而外保温墙体由于蓄热能力较大的结构层在保温板内侧，当室内受到不稳定热作用时，室内空气温度上升或下降，墙体结构层能够吸引或释放热量，故有利于保持室温稳定。

(5) 便于旧建筑物进行节能改造

以前的建筑物一般都不能满足节能要求，因此对旧房进行节能改造已提上议事日程。与内保温相比，采用外保温方式对旧房进行节能改造，最大的优点是无需临时搬迁，基本不影响用户的正常生活。

(6) 可以避免装修对保温层的破坏

不管是买新房还是买二房，消费者一般都需要按照自己喜好进行装修。在装修中，内保温层容易遭到破坏，外保温则可以避免发生这种问题。

(7) 增加房屋使用面积

消费者买房最关心的就是房屋的使用面积。由于保温材料贴在墙体的外侧，其保温、隔热效果优于内保温，故可使主体结构墙体减薄，从而墙加用户的使用面积。据统计，以北京、沈阳、哈尔滨、兰州的塔式建筑为例，当主体结构为实心砖墙、采用外墙保温设计时，每户使用面积分别可增 $1.2m^2$、$2.4m^2$、$4.2m^2$ 和 $1.3m^2$，其经济效益十分显著。

外墙外保温系统是由保温层、保护层和固定材料(胶黏剂、锚固件等)构成，是安装在外墙外表面的非承重保温构造总称。目前，国内应用最多的外墙外保温系统从施工做法上可分为粘贴式、现浇式、喷涂式及预制式等几种方式。其中粘贴式的保温材料包括模塑聚苯板(EPS 板)、挤塑聚苯板(XPS 板)、矿物棉板(MW 板，以岩棉为代表)、硬泡聚氨酯板(PU 板)、酚醛树脂板(PF 板)等，在国内也被称为薄抹灰外墙外保温系统或外墙保温复合系统，这些材料中又以模塑聚苯板的外保温技术最为成熟且应用最为广泛。现浇式外墙外保温系统也称为模板内置保温板做法，既包括模板与保温板分体的，也包括模板与保温板一体的做法。喷涂式则以喷涂硬泡聚氨酯做法为主。预制式做法变化较多，主要是在工厂将保温板和装饰面板预制成一体化板，在施工现场在将其安装就位。

下面介绍几种住建部在《外墙外保温工程技术规程》(JGJ 144—2004)中重点推广的外墙保温技术。

1) EPS 板薄抹灰外墙外保温系统

EPS 板薄抹灰外墙外保温系统(以下简称 EPS 板薄抹灰系统)由 EPS 板保温层、薄抹面层和饰面涂层构成，EPS 板用胶黏剂固定在基层上，薄抹面层中满铺玻纤网，如图 3.1 所示。

EPS 板薄抹灰外保温系统在欧洲使用最久的实际工程已经接近 40 年。大量工程实践证明，该系统技术成熟完备可靠，工程质量稳定，保温性能优良，使用年限可超过 25 年。

EPS 板薄抹灰系统的基层表面应清洁，无油污、脱模剂等妨碍粘结的附着物。凸起、空鼓和疏松部位应剔除并找平。找平层应与墙体粘结牢固，不得有脱层、空鼓、裂缝，面层不得有粉化、起皮、爆灰等现象。基层与胶粘剂的拉伸粘结强度应进行检验，粘结强度不应低于 0.3MPa，并且粘结界面脱开面积不应大于 50%。粘贴 EPS 板时，应将胶粘剂涂在 EPS 板背面，涂胶粘剂面积不得小于 EPS 板面积的 40%。EPS 板应按顺砌方式粘贴，竖缝应逐行

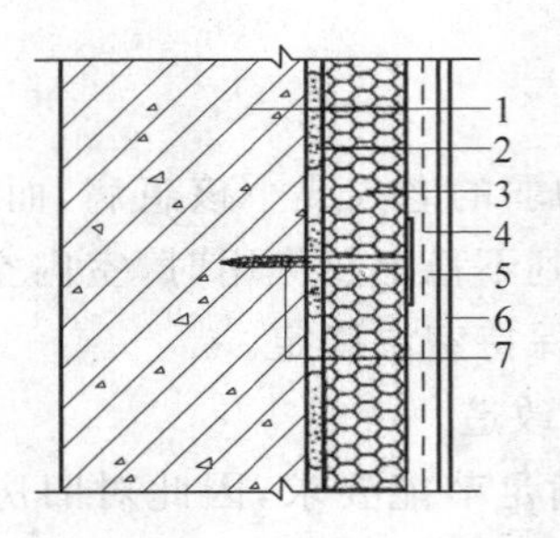

图 3.1 EPS 板薄抹灰系统

1—基层；2—胶黏剂；3—EPS 板；4—玻纤网；5—薄抹面层；6—饰面涂层；7—锚栓

错缝。EPS 板应粘贴牢固，不得有松动和空鼓。墙角处 EPS 板应交错互锁。门窗洞口四角处 EPS 板不得拼接，应采用整块 EPS 板切割成形，EPS 板接缝应离开角部至少 200mm。

2）胶粉 EPS 颗粒保温浆料外墙外保温系统

胶粉 EPS 颗粒保温浆料外墙外保温系统由界面层、胶粉 EPS 颗粒保温浆料保温层、抗裂砂浆薄抹面层和饰面层组成，如图 3.2 所示。胶粉 EPS 颗粒保温浆料经现场拌合后喷涂或抹在基层上形成保温层。薄抹面层中应满铺玻纤网。该系统采用逐层渐变、柔性释放应力的无空腔的技术工艺，可广泛应用于不同气候区、不同基层墙体、不同建筑高度的各类建筑外墙的保温与隔热。

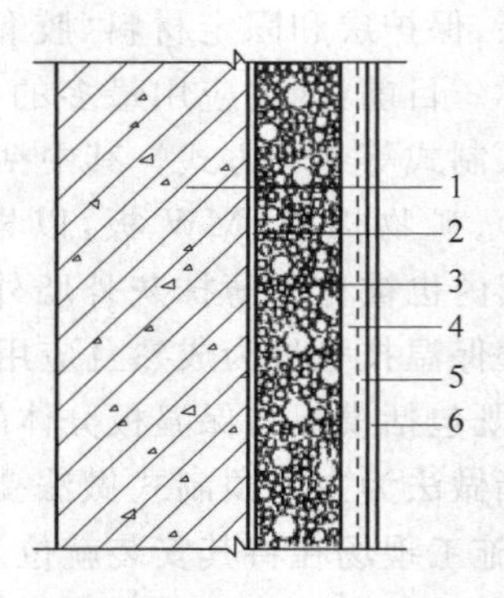

图 3.2 胶粉 EPS 颗粒保温浆料外墙外保温系统

1—基层；2—界面砂浆；3—胶粉 EPS 颗粒保温浆料；4—抗裂砂浆薄抹面层；5—玻纤网；6—饰面层

胶粉 EPS 颗粒保温浆料保温层设计厚度不宜超过 100mm，必要时应设置抗裂分隔缝。基层表面应清洁，无油污和脱模剂等妨碍粘结的附着物，空鼓、疏松部位应剔除。胶粉 EPS 颗粒保温浆料宜分遍抹灰，每遍间隔时间应在 24h 以上，每遍厚度不宜超过 20mm。第一遍抹灰应压实，最后一遍应找平，并用大杠搓平。保温层硬化后，应现场检验保温层厚度并现场取样检验胶粉 EPS 颗粒保温浆料干密度。现场取样胶粉 EPS 颗粒保温浆料干密度不应大于 250kg/m³，并且不应小于 180kg/m³。

3）EPS 板现浇混凝土外墙外保温系统

EPS 板现浇混凝土外墙外保温系统（无网现浇系统）以现浇混凝土外墙作为基层，EPS 板为保温层。EPS 板内表面（与现浇混凝土接触的表面）沿水平方向开有矩形齿槽，内、外表面均满涂界面砂浆。在施工时将 EPS 板置于外模板内侧，并安装锚栓作为辅助固定件。浇灌混凝土后，墙体与 EPS 板以及锚栓结合为一体。EPS 板表面抹抗裂砂浆薄抹面层，外表以涂料为饰面层，薄抹面层中满铺玻纤网，具体构造作法如图 3.3 所示。

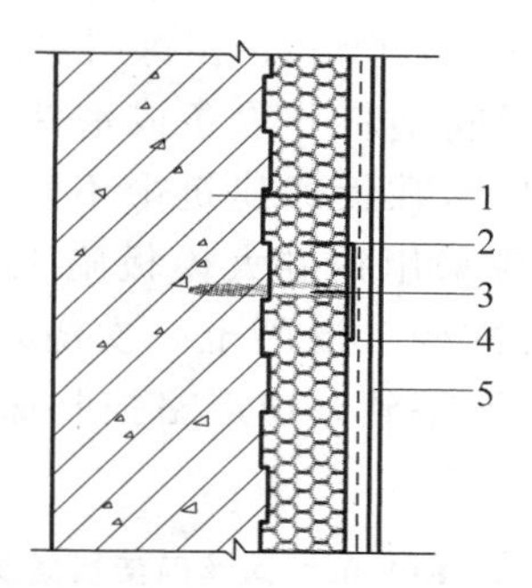

图 3.3 EPS 板现浇混凝土外墙外保温系统

1—现浇混凝土外墙；2—EPS 板；3—锚栓；4—抗裂砂浆薄抹面层；5—饰面层

EPS 板现浇混凝土外墙外保温系统 EPS 板两面必须预喷刷界面砂浆。EPS 板宽度宜为 1.2m，高度宜为建筑物层高。锚栓每平方米宜设 2～3 个。水平抗裂分隔缝宜按楼层设置，垂直抗裂分隔缝宜按墙面面积设置，在板式建筑中不宜大于 $30m^2$，在塔式建筑中可视具体情况而定，宜留在阴角部位。混凝土一次浇筑高度不宜大于 1m，混凝土需振捣密实均匀，墙面及接茬处应光滑、平整。混凝土浇筑后，EPS 板表面局部不平整处宜抹胶粉 EPS 颗粒保温浆料修补和找平，修补和找平处厚度不得大于 10mm。

4）EPS 钢丝网架板现浇混凝土外墙外保温系统

EPS 钢丝网架板现浇混凝土外墙外保温系统（有网现浇系统）是以现浇混凝土为基层，EPS 单面钢丝网架板置于外墙外模板内侧，并安装 $\phi 6$ 钢筋作为辅助固定件。浇灌混凝土后，EPS 单面钢丝网架板挑头钢丝和 $\phi 6$ 钢筋与混凝土结合为一体，EPS 单面钢丝网架板表面抹掺外加剂的水泥砂浆形成厚抹面层，外表做饰面层，具体构造作法如图 3.4 所示。以涂料做饰面层时，应加抹玻纤网抗裂砂浆薄抹面层。

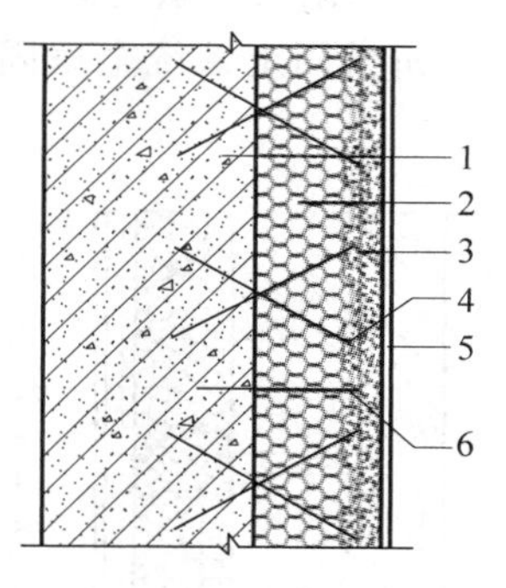

图 3.4 EPS 钢丝网架板现浇混凝土外墙外保温系统

1—现浇混凝土外墙；2—EPS 单面钢丝网架板；3—掺外加剂的水泥砂浆厚抹面层；
4—钢丝网架；5—饰面层；6—$\phi 6$ 钢筋

EPS 单面钢丝网架板每平方米斜插腹丝不得超过 200 根，斜插腹丝应为镀锌钢丝，板两面应预喷刷界面砂浆。加工质量应符合表 3.6 规定，且应符合现行行业标准《钢丝网架水泥聚苯乙烯夹心板》（JC 623—1996）有关规定。EPS 钢丝网架板构造设计和施工安装应考虑现浇混凝土侧压力影响，抹面层厚度应均匀，钢丝网应完全包覆于抹面层中。$\phi 6$ 钢筋每平方米宜设 4 根，锚固深度不得小于 100mm。在每层层间宜留水平抗裂分隔缝，层间保温板外钢丝网应断开，抹灰时嵌入层间塑料分隔条或泡沫塑料棒，外表用建筑密封膏嵌缝。垂直抗裂分隔缝宜按墙面面积设置，在板式建筑中不宜大于 $30m^2$，在塔式建筑中可视具体情况而定，宜留在阴角部位。应采用钢制大模板施工，并应采取可靠措施保证 EPS 钢丝网架板和辅助固定件安装位置准确。混凝土一次浇筑高度不宜大于 1m，混凝土需振捣密实均匀，墙面及接茬处应光滑、平整。应严格控制抹面层厚度并采取可靠抗裂措施确保抹面层不开裂。

表 3.6　EPS 单面钢丝网架板质量要求

项　目	质量要求
外观	界面砂浆涂敷均匀，与钢丝和 EPS 板附着牢固
焊点质量	斜丝脱焊点不超过 3%
钢丝挑头	穿透 EPS 板挑头不小于 30mm
EPS 板对接	板长 3000mm 范围内 EPS 板对接不得多于两处，且对接处需用胶粘剂粘牢

5）机械固定 EPS 钢丝网架板外墙外保温系统

机械固定 EPS 钢丝网架板外墙外保温系统（机械固定系统）由机械固定装置、腹丝非穿透型 EPS 钢丝网架板、掺外加剂的水泥砂浆厚抹面层和饰面层构成，具体构造如图 3.5 所示。以涂料做饰面层时，应加抹玻纤网抗裂砂浆薄抹面层。机械固定系统不适用于加气混凝土和轻集料混凝土基层。腹丝非穿透型 EPS 钢丝网架板腹丝插入 EPS 板中深度不应小于 35mm，未穿透厚度不应小于 15mm。腹丝插入角度应保持一致，误差不应大于 3°。板两面应预喷刷界面砂浆。钢丝网与 EPS 板表面净距不应小于 10mm。机械固定系统锚栓、预埋金属固定件数量应通过试验确定，并且每平方米不应小于 7 个。用于砌体外墙时，宜采用预埋钢筋网片固定 EPS 钢丝网架板。机械固定系统固定 EPS 钢丝网架板时应逐层设置承托件，承托件应固定在结构构件上。机械固定系统金属固定件、钢筋网片、金属锚栓和承托件应做防锈处理。

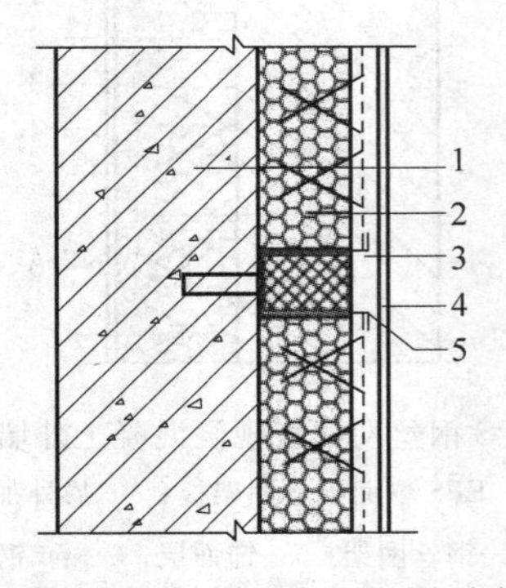

图 3.5　机械固定 EPS 钢丝网架板外墙外保温系统

1—基层；2—EPS 钢丝网架板；3—掺外加剂的水泥砂浆厚抹面层；4—饰面层；5—机械固定装置

2. 建筑外墙隔热设计

建筑物外墙、屋顶的隔热效果是用其内表面温度的最高值来衡量和评价的，利于降低外墙、屋顶内表面温度的方法都是隔热的有效措施。通常，外墙、屋顶的隔热设计按以下思路采取具体措施：减少对太阳辐射热的吸收；减弱室外综合温度波动对围护结构内表面温度的影响；材料、构造利于散热；将太阳辐射等热能转化为其他形式的能量，减少通过围护结构传入室内的热量等。

1）采用浅色外饰面，减少太阳辐射热的当量温度

当量温度反映了围护结构外表面吸收太阳辐射热使室外热作用提高的程度。要减少热作用，就必须降低外表面对太阳辐射热的吸收系数。建筑墙体外饰面材料品种很多，吸收系数值差异也较大，部分材料对太阳辐射热的吸收系数 ρ 如表 3.7 所示。合理选择材料和构造对外墙的隔热是非常有效的。

表 3.7　部分建筑材料的 ρ 值

材　　料	ρ
黑色非金属表面（如沥青、纸等）	0.85～0.98
红砖、红瓦、混凝土、深色油漆	0.65～0.80
黄色的砖、石、耐火砖等	0.50～0.70
白色或淡奶色砖、油漆、粉刷、涂料	0.30～0.50
铜、铝、镀锌铁皮、研磨铁板	0.40～0.65

2）增大传热阻 R 与热惰性指标 D 值

增大围护结构的传热阻 R，可以降低围护结构内表面的平均温度；增大热惰性指标 D 值可以大大衰减室外综合温度的谐波振幅，减小围护结构内表面的温度波幅，两者对降低结构内表面温度的最高值都是有利的。

这种隔热构造方式的特点是，不仅具有隔热性能，在冬季也有保温作用，特别适合于夏热冬冷地区。不过，这种构造方式的墙体、屋顶夜间散热较慢，内表面的高温区段时间较长，出现高温的时间也较晚，用于办公、学校等以白天为主的建筑物较为理想。对昼夜空气温差较大的地区，白天可紧闭门窗使用空调，夜间打开门窗自然排除室内热量并储存室外新风冷量，以降低房间次日的空调负荷，也可以用于节能空调建筑。

3）采用有通风间层的复合墙板

这种墙板比单一材料制成的墙板如加气混凝土墙板构造复杂一些，但它将材料区别使用，可采用高效隔热材料，能充分发挥各种材料的特长，墙体较轻，而且利用间层的空气流动及时带走热量，减少了通过墙板传入室内的热量，且夜间降温快，特别适用于湿热地区住宅、医院、办公楼等多层和高层建筑。

4）墙面绿化

墙面绿化是利用具有吸附、缠绕、卷须、钩刺等攀缘特性的植物绿化建筑墙面的形式。早在 17 世纪，俄国将攀缘植物用于亭、廊绿化，后来引向建筑墙面，欧美各国也广泛应用。我国也大量应用，尤其近十几年来，不少城市将墙面绿化列为绿化评比的标准之一。

墙面绿化具有美化环境、降低污染、遮阳隔热等功能。墙面如有爬墙的植物，可以遮挡

太阳辐射和吸收热量。实测表明,墙面有了爬墙的植物,其外表面昼夜平均温度由35.1℃降到30.7℃,相差4.4℃之多;而墙的内表面温度相应由30.0℃降到29.1℃,相差0.9℃。由墙面附近的叶面蒸腾作用带来的降温效应,还使墙面温度略低于气温(约1.6℃)。相比之下,外侧无绿化的墙面温度反而较气温高出约出7.2℃,两者相差约8.8℃。显然,绿化对于墙体温度的影响是很大的,它显著减少通过外墙和窗洞的传热量,降低室内内表面温度,改善室内热舒适性或减少空调能耗。冬季落叶后,既不影响墙面得到太阳辐射热,同时附着在墙面的枝茎又成了一层保温层,会缩小冬夏两季的温差,还可使风速降低,抵御风吹雨打,因此可减少各种气候变化对建筑物的不利影响,延长外墙的使用寿命。另外,墙面绿化还可减弱城市噪声,噪声声波通过浓密的藤叶时约有26%被吸收掉。攀缘植物的叶片多有绒毛或凹凸的脉纹,能吸附大量的飘尘,可起到过滤和净化空气的作用。由于植物吸收二氧化碳,释放氧气,故有藤蔓覆盖的住宅内可获得更多的新鲜空气,改善城市热岛效应及形成良好的微气候环境。居住区建筑密集,墙面绿化对居住环境质量的改善更为重要。

墙面绿化可分为三种方式,分别为墙面无辅助直接绿化法、墙面有辅助绿化法和种植箱预制装配式绿化法。

无辅助直接绿化法是最简单、最常用的墙面绿化方法,主要适用于清水砖墙等粗糙外表面的墙体绿化,绿化高度可达10m左右。其种植方式为地面种植,需要在附近建筑外墙基部砌筑人工种植槽。种植植物主要选用具有较强吸附能力的攀缘类藤蔓植物,如五叶地锦、常春藤、凌霄花等。

墙面有辅助绿化法是在无辅助直接绿化法的基础上,在建筑外墙上嵌入钢钉固定金属网来辅助绿化植物爬的墙面绿化,主要适用于涂料饰面、马赛克、面砖等较光滑外表面的墙体绿化,绿化高度可达15～20m。采用此方法进行墙体绿化时,应考虑建筑外墙侧向承载能力,在墙上嵌入钢钉的空洞缝隙应注入树脂封闭,以防水汽渗入墙体内部。

种植箱预制装配式绿化法是将建筑预制装配技术与植物人工栽培技术有机地结合在一起,绿化墙主要由承载框架和种植模块两部分组成。承载框架是绿化墙的独立支撑结构,由挂架与建筑外墙合理铰接。绿化墙实际上由多个标准化的种植板块拼装而成,每一个种植板块都是一个独立的、自给自足的植物生长单元。

3.1.3 建筑外门窗节能技术

建筑外门窗是建筑物外围护结构的重要组成部分,除了具备基本的使用功能外,还必须具备采光、通风、防风雨、保温隔热、隔声、防盗、防火等功能。建筑外门窗又是整个建筑围护结构中保温隔热性能最薄弱的部分,是影响室内热环境质量和建筑耗能量的重要因素之一。此外,由于门窗需要经常开启,其气密性对保温隔热也有较大影响。据统计,在采暖或空调的条件下,冬季单层玻璃窗所损失的热量占供热负荷的30%～50%,夏季因太阳辐射热透过单层玻璃窗射入室内而消耗的冷量占空调负荷的20%～30%。因此,增强门窗的保温隔热性能,减少门窗能耗是改善室内热环境质量、提高建筑节能水平的重要环节。另一方面,建筑门窗还承担着隔绝与沟通室内外两种空间的互相矛盾的任务,因此,在技术处理上比其他围护部件难度更大，涉及的问题也更为复杂。

衡量门窗性能的指标主要包括四个方面，分别为阳光得热性能、采光性能、空气渗透防护性能和保温隔热性能。建筑节能标准对门窗的保温隔热性能、窗户的气密性能提出了明确的要求。建筑门窗的节能技术就是提高门窗的性能指标，主要是在冬季有效利用太阳光，增加房间的得热和采光，提高保温性能，降低通过窗户传热和空气渗透所造成的建筑能耗；在夏季采用有效的隔热及遮阳措施，降低透过窗户的太阳辐射得热以及室内空气渗透所引起空调负荷增加而导致的能耗增加。

1. 建筑外门节能设计

这里讲的建筑外门是指住宅建筑的户门和阳台门。户门和阳台门下部门芯板部位都应采取保温隔热措施，以满足节能标准要求。常用各类门的热工指标如表 3.8 所示。可以采用双层板间填充岩棉板、聚苯板来提高户门的保温隔热性能，阳台门应使用塑料门。此外，提高门的气密性即减少空气渗透量对提高门的节能效果是非常明显的。

表 3.8 门的传热系数和传热阻

门框材料	门的类型	传热系数 $K/(W/(m^2 \cdot K))$	传热阻 $R/((m^2 \cdot K)/W)$
木、塑料	单层实体门	3.5	0.29
	夹板门和蜂窝夹芯门	2.5	0.40
	双层玻璃门(玻璃比例不限)	2.5	0.40
	单层玻璃门(玻璃比例<30%)	4.5	0.22
	单层玻璃门(玻璃比例为 30%～60%)	5.0	0.20
金属	单层实体门	6.5	0.15
	单层玻璃门(玻璃比例不限)	6.5	0.15
	单框双玻门(玻璃比例<30%)	5.0	0.20
	单框双玻门(玻璃比例为 30%～70%)	4.5	0.22
无框	单层玻璃门	6.5	0.15

在严寒地区，公共建筑的外门应设门斗(或旋转门)，寒冷地区宜设门斗或采取其他减少冷风渗透的措施。夏热冬冷和夏热冬暖地区，公共建筑的外门也应采取保温隔热节能措施，如设置双层门、采用低辐射中空玻璃门、设置风幕等。

2. 建筑外窗节能设计

窗是建筑围护结构中的开口部位，是建筑耗能的关键部位。窗户的能量损失占整个建筑能耗的一半左右，改进窗户的节能是提高建筑节能水平有效、快捷的措施。减少窗户的能量损失，要从多个方面考虑，不仅包括窗所使用的材料，还包括朝向、窗墙面积比、窗的类型等。

1) 选择合理朝向

建筑方位因素是外窗节能设计的首要因素。大面积的玻璃窗应避免东照西晒，建筑应朝南北向放置。当建筑无遮挡时，南向的窗在冬天的白天能接受相当大的太阳辐射能，这些太阳热的获得可以帮助减少冬季的室内取暖费用。在夏天由于太阳的高度角增大，所得的太阳辐射能反而很小，减少了室内的冷负荷，很大程度上降低了空调系统的能耗。所以，建筑设计时应充分考虑窗户的朝向，从而达到节能的目的。

《严寒和寒冷地区居住建筑节能设计标准》(JGJ 26—2010)中规定：建筑物宜朝向南北或接近朝向南北，建筑物不宜设有三面外墙的房间，一个房间不宜在不同方向的墙面上设置两个或更多的窗。《夏热冬暖地区居住建筑节能设计标准》(JGJ 75—2012)与《夏热冬冷地区居住建筑节能设计标准》(JGJ 134—2010)也都规定：建筑物宜朝向南北或接近朝向南北。《公共建筑节能设计标准》(GB 50189—2005)中规定：建筑总平面的布置和设计，宜利用冬季日照并避开冬季主导风向，利用夏季自然通风。建筑的主朝向宜选择本地区最佳朝向或接近最佳朝向。

2) 控制窗墙面积比

外窗窗墙面积比是窗户洞口面积与房间立面单元面积(即房间层高与开间定位线围成的面积)的比值，是建筑设计中一个很重要的参数。普通窗户的保温隔热性能比外墙差很多。夏季白天通过窗户进入室内的太阳辐射热也比外墙多得多。窗户开得越多越大，即窗墙面积比越大，则采暖和空调的能耗也越大。因此，从节能的角度出发，必须限制窗墙面积比。窗户的面积既要满足采光率(窗地比)，还应兼顾保温和节能(窗墙比)。规范鼓励在满足自然采光的范围内，外窗的面积越小越好。但是，我国地大物博，不同地区的气候条件相差太大。在夏热冬冷地区，较大的开窗面积能加强房间通风，带走室内余热和积蓄冷量，减少空调运行时的能耗，南窗也大大有利于冬季日照。另外，若窗口面积太小、采光亦自然减少，所增加的室内照明用电能耗将超过节约的采暖能耗。因此，这些地区在进行围护结构节能设计时，不能过分依靠减少窗墙比，重点应是提高窗的热工性能。窗的热工性能好，窗墙比就可适当提高，给建筑设计也提供了更大的灵活性。从经济角度来说，提高外窗的热工性能所需资金不多，却要比提高外墙热工性能的资金效益高3倍以上。

《严寒和寒冷地区居住建筑节能设计标准》(JGJ 26—2010)中规定：严寒和寒冷地区居住建筑的窗墙面积比不应大于表3.9中规定的限值。当窗墙面积比大于表中规定的限值时，必须按照相关条款要求进行围护结构热工性能的权衡判断，并且在进行权衡判断时，各朝向的窗墙面积比最大也只能比表中的对应值大0.1。计算面积时，敞开式阳台的阳台门上部透明部分应计入窗户面积，下部不透明部分不应计入窗户面积。表中的窗墙面积比应按开间计算，表中的"北"代表从北偏东小于60°～北偏西小于60°的范围；"东、西"代表从东或西偏北小于等于30°～偏南60°的范围；"南"代表从南偏东30°偏西小于30°的范围。

表3.9 严寒和寒冷地区居住建筑的窗墙面积比限值

朝向	窗墙面积比	
	严寒地区	寒冷地区
北	0.25	0.30
东、西	0.30	0.35
南	0.45	0.50

《夏热冬暖地区居住建筑节能设计标准》(JGJ 75—2012)中规定：各朝向的单一朝向窗墙面积比，南、北向不应大于0.40；东、西向不应大于0.30。当设计建筑的外窗不符合上述

规定时，其空调采暖年耗电指数（或耗电量）不应超过参照建筑的空调采暖年耗电指数（或耗电量）。建筑的卧室、书房、起居室等主要房间的房间窗地面积比不应小于1/7。当房间窗地面积比小于1/5时，外窗玻璃的可见光透射比不应小于0.40。

《夏热冬冷地区居住建筑节能设计标准》(JGJ 134—2010)中规定：不同朝向外窗（包括阳台门的透明部分）的窗墙面积比不应大于表3.10中规定的限值。计算窗墙面积比时，凸窗的面积应按洞口面积计算。当设计建筑的窗墙面积比不符合表中规定时，必须按照相关条款规定进行建筑围护结构热工性能的综合判断。表中的“东，西”代表从东或西偏北30°（含30°）至偏南60°（含60°）的范围；“南”代表从南偏东30°至偏西30°的范围。楼梯间、外走廊的窗不按本表规定执行。

表3.10　夏热冬冷地区居住建筑的窗墙面积比限值

朝向	窗墙面积比
北	0.40
东、西	0.35
南	0.45
每套房间允许一个房间（不分朝向）	0.60

《公共建筑节能设计标准》(GB 50189—2005)中规定：建筑每个朝向的窗（包括透明幕墙）墙面积比均不应大于0.70。当窗（包括透明幕墙）墙面积比小于0.40时，玻璃（或其他透明材料）的可见光透射比不应小于0.4。不能满足规定时，必须按相关条款规定进行权衡判断。

3）提高窗的保温隔热性能

(1) 窗框的保温隔热性能

通过窗框的传热能耗在窗户的总传热能耗中占有一定的比例，它的大小主要取决于窗框材料的导热系数。虽然每种材质具有固定的传热系数，但通过制作成空腔结构或复合结构的窗框型材，其热传导性能会发生改变。因此，型材断面结构的设计对于窗框保温性能至关重要，而门窗框扇型材的结构设计其实是复合设计理念的发展。钢窗从实芯钢框发展为空腹钢框乃至断热钢框；铝窗从普通铝合金框发展成为断热型铝合金框；木窗从实木结构发展成为复合结构；塑窗从单腔结构发展成为两腔、三腔结构，乃至最新出现的七腔、八腔结构的型材。只要设计合理，导热性能高的钢、铝材料也能制作成为保温性能较好的窗框材料。而相比较之下，塑料与木材由于本身具有优良的保温性能，所以这两种窗框型材的保温设计更简便、保温程度更高、节能成本也更低。目前市场上应用量最大几种窗的传热系数对比如表3.11所示。

表3.11　常用窗框传热系数对比　　W/(m^2·K)

普通铝合金框	断热型铝合金框（隔热条宽度12.5mm）	PVC塑料框（三腔结构）	木框（硬木）（厚度70mm）
6.21	3.4	1.8	1.9

(2) 窗玻璃的保温隔热性能

玻璃及其制品是窗户常用的镶嵌材料，其对窗户节能起到至关重要的作用。一般单层玻璃的热阻很小，几乎等于玻璃内外表面热阻之和，即单层玻璃的热阻可忽略不计，单层玻璃内外表面温差只有0.4℃。可以通过增加窗的层数或玻璃层数提高窗的保温隔热性能。

玻璃的节能性能除了在采暖地区考虑传热系数外，在夏热冬暖地区还需考虑遮阳性能和可见光投射比等问题。玻璃行业目前多数是通过制作成双层或三层中空玻璃、镀Low-E膜、玻璃间隙充惰性气体或抽真空等手段来提高玻璃的节能性能。不同玻璃的遮阳系数和传热系数对比如表3.12所示，表中数据摘自南玻和耀华玻璃等生产厂家。

表3.12 外窗玻璃的遮阳系数和传热系数对比

玻璃名称	玻璃种类、结构	遮阳系数	传热系数K
单片透明玻璃	—	0.99	5.58
单片热反射镀膜玻璃	镀热反射膜	0.20～0.80	5.06
单片低辐射镀膜玻璃	镀Low-E膜	0.25～0.70	3.8
透明中空玻璃	(5+6A+5)mm	0.91	3.4
透明中空玻璃	(5+9A+5)mm	0.89	3.2
透明中空玻璃	(5+12A+5)mm	0.87	3.0
双空间透明中空玻璃	(4+12A+4+12A+4)mm	0.84	2.0
2号面Low-E中空玻璃	(6+12A+6)mm	0.30～0.70	1.66
2号、3号面Low-E双空间中空玻璃	(3+5Kr+2+5Kr+3)mm	0.30～0.70	0.85

注：A表示中空玻璃间层间气体为干燥空气；Kr表示中空玻璃间层间气体为氪气。

(3) 提高窗的气密性，减少空气渗透能耗

提高窗的气密性、减少空气渗透量是提高窗节能效果的重要措施之一。由于经常开启，要求窗框、窗扇变形小。因为墙与框、框与扇、扇与玻璃之间都可能存在缝隙，会产生室内外空气交换。从建筑节能角度讲，空气渗透量越大，导致冷、热耗能量就越大。因此，必须对窗的缝隙进行密封。但是在提高窗户气密性的同时，并非气密程度越高越好，过分气密对室内卫生状况和人体健康都不利(或安装可控风量的通风器来实行有组织换气)。

我国国家标准《建筑外窗空气渗透性能分级及检测方法》(GB 7107—2002)中将窗的气密性能分为5级，具体标准如表3.13所示，其中5级为最佳。建筑节能设计中窗户气密性应满足相关节能标准的要求。

表3.13 窗户气密性分级

分级	1	2	3	4	5
单位缝长分级指标值 q_1 /(m³/(m·h))	$6.0 \geqslant q_1 > 4.0$	$4.0 \geqslant q_1 > 2.5$	$2.5 \geqslant q_1 > 1.5$	$1.5 \geqslant q_1 > 0.5$	$q_1 \leqslant 0.5$
单位缝长分级指标值 q_2 /(m³/(m²·h))	$18 \geqslant q_2 > 12$	$12 \geqslant q_2 > 7.5$	$7.5 \geqslant q_2 > 4.5$	$4.5 \geqslant q_2 > 1.5$	$q_2 \leqslant 1.5$

可以通过提高窗用型材的规格尺寸、准确度、尺寸稳定性和组装的精确度、采用气密条、改进密封方法或各种密封材料与密封方法配合的措施加强窗户的气密性，降低因空气渗透造成的能耗。

(4) 选择适宜的窗型

目前，常用的窗型有平开窗、左右推拉窗、上下悬窗、亮窗、上下提拉窗等，其中以推拉窗和平开窗最多。

窗的几何形式与面积以及窗扇开启方式对窗的节能效果也是有影响的。因为我国南北方气候差异较大，窗的节能设计重点也不同，所以窗型的选择也不同。南方地区窗型的选择应兼顾通风与排湿，推拉窗的开启面积只有$\frac{1}{2}$，不利于通风；而平开窗通风面积大、气密性较好。

采暖地区窗型的设计应把握以下要点：在保证必要的换气次数前提下，尽量缩小可开窗扇面积；选择周边长度与面积比小的窗扇形式，即接近正方形有利于节能；镶嵌的玻璃面积尽可能的大。

3.1.4 建筑地面节能技术

采暖房屋地板的热工性能对室内热环境的质量及人体的热舒适有重要影响。底层地板和屋顶、外墙一样，也应有必要的保温能力，以保证地面温度不致太低。由于人体足部与地板直接接触传热，地面保温性能对人的健康和舒适影响比其他围护结构更直接、更明显。

体现地面热工性能的物理量是吸热指数，用 B 表示。B 值越大的地面从人脚吸热越多，也越快。地板面层材料的密度、比热容和导热系数值的大小是决定地面吸热指数 B 的重要参数。以木地面和水磨石两种地面为例，木地面的 $B=10.5$，而水磨石的 $B=26.8$，即使它们的表面温度完全相同，但如赤脚站在水磨石地面上，就比站在木地面上凉得多，这是因为两者的吸热指数明显不同造成的。

我国现行的《民用建筑热工设计规范》(GB 50176—1993)将地面划分为三类，如表 3.14 所示。木地面、塑料地面等属于Ⅰ类；水泥砂浆地面等属于Ⅱ类；水磨石地面则属于Ⅲ类。高级居住建筑、托儿所、幼儿园、医疗建筑等，宜采用Ⅰ类地面。一般居住建筑和公共建筑(包括中小学教室)宜采用不低于Ⅱ类的地面。至于仅供人们短时间逗留的房间，以及室温高于 23℃的采暖房间，则允许用Ⅲ类地面。

表 3.14 地面热工性能分类

地面热工性能分类	B值/(W/(m·K))
Ⅰ	<17
Ⅱ	17～23
Ⅲ	>23

3.1.5 建筑屋面节能技术

屋面作为一种建筑物外围护结构所造成的室内外温差传热耗热量，大于任何一面外墙或地面的耗热量。如武汉市区年绝对最高与最低温差近50℃，有时日温差接近20℃，夏季日照时间长，而且太阳辐射强度大，通常水平屋面外表面的空气综合温度达到60～80℃，顶层室内温度比其下层室内温度要高出2～4℃。因此，提高屋面的保温隔热性能，对提高抵抗夏季室外热作用的能力尤其重要。这也是减少空调耗能，改善室内热环境的一个重要措施。在多层建筑围护结构中，屋面所占面积较小，能耗占总能耗的8%～10%。加强屋面保温节能对建筑造价影响不大，节能效益却很明显。

住建部颁布的《屋面工程技术规范》(GB 50345—2012)中规定屋面应"冬季保温减少建筑物的热损失和防止结露，夏季隔热降低建筑物对太阳辐射热的吸收"，并规定保温层应根据屋面所需传热系数或热阻选择轻质、高效的保温材料，保温层及其保温材料应符合表3.15的规定。

表3.15 屋面保温层及其保温材料

保温层	保温材料
板状材料保温层	聚苯乙烯泡沫塑料，硬质聚氨酯泡沫塑料，膨胀珍珠岩制品，泡沫玻璃制品，加气混凝土砌块，泡沫混凝土砌块
纤维材料保温层	玻璃棉制品，岩棉、矿渣棉制品
整体材料保温层	喷涂硬泡聚氨酯，现浇泡沫混凝土

除传统屋面外，建筑屋面节能还包括倒置式屋面、种植屋面、蓄水屋面等，下面进行简单介绍。

1. 倒置式屋面

所谓倒置式屋面，就是将传统屋面构造中的保温层与防水层颠倒，把保温层放在防水层的上面。倒置式屋面基本构造宜由结构层、找坡层、找平层、防水层、保温层及保护层组成。

与传统屋面相比，倒置式屋面主要有以下优点：

(1) 可以有效延长防水层的使用年限。倒置式屋面将保温层设在防水层上，大大减弱了防水层受大气、温差及太阳光紫外线照射的影响，使防水层不易老化，能长期保持其柔软性、延伸性等性能，有效延长使用年限。

(2) 保护防水层免受外界损伤。由于保温材料组成的缓冲层，使卷材防水层不易在施工中受外界机械损伤，又能衰减外界对屋面的冲击。

(3) 施工简单，易于维修。倒置式屋面省去了传统屋面中的隔汽层及保温层上的找平层，施工简化，更加经济。即使出现个别地方渗漏，只要揭开几块保温板就可以进行处理，易于维修。

(4) 调节屋顶内表面温度。屋顶最外的保护层可为卵石层、配筋混凝土现浇板或烧制方砖保护层，这些材料蓄热系数较大，在夏季可充分利用其蓄热能力强的特点，调节屋顶内表面温度，使其温度最高峰值向后延迟，错开室外空气温度最高值，有利于提高屋顶的隔热效果。

倒置式屋面的保温材料可选用挤塑聚苯乙烯泡沫塑料板、硬泡聚氨酯板、硬泡聚氨酯防水保温复合板、喷涂硬泡聚氨酯及泡沫玻璃保温板等。保温材料的性能应符合下列规定：

（1）导热系数不应大于0.080W/(m·K)；

（2）使用寿命应满足设计要求；

（3）压缩强度或抗压强度不应小于150kPa；

（4）体积吸水率不应大于3%；

（5）对于屋顶基层采用耐火极限不小于1.00h的不燃烧体的建筑，其屋顶保温材料的燃烧性能不应低于B2级；其他情况，保温材料的燃烧性能不应低于B1级。

2. 种植屋面

种植屋面是指铺以种植土或设置容器种植植物的建筑屋面或地下建筑顶板。对于建筑节能来讲，种植屋面（屋顶绿化）可以在一定程度上起到保温隔热、节能减排、节约淡水资源，对建筑结构及防水起到保护作用，滞尘效果显著，同时也是有效缓解城市热岛效应的重要途径。夏季种植屋面与普通隔热屋面比较，表面温度平均要低6.3℃，屋面下的室内温度相比要低2.6℃，可以节省大量空调用电量。此外，建筑屋顶绿化可显著降低建筑物周围环境温度（0.5～4.0℃），而建筑物周围环境的温度每降低1℃，建筑物内部空调的容量可降低6%。不论在北方或南方，种植屋面都有保温作用。特别干旱地区，入冬后草木枯死，土壤干燥，保温性能更佳。种植屋面的保温效果随土层厚增加而增加。种植屋顶有很好的热惰性，不随大气气温骤然升高或骤然下降而大幅波动。冰岛和斯堪的那维亚半岛的种植屋面已有百年历史。

种植屋面工程由种植、防水、排水、绝热等多项技术构成。种植屋面工程设计应遵循“防、排、蓄、植”并重和“安全、环保、节能、经济，因地制宜”的原则。种植屋面不宜设计为倒置式屋面。

种植平屋面的基本构造层次包括：基层、绝热层、找坡（找平）层、普通防水层、耐根穿刺防水层、保护层、排（蓄）水层、过滤层、种植土层和植被层等，如图3.6所示。根据各地区气候特点、屋面形式、植物种类等情况，可增减屋面构造层次。

种植坡屋面的基本构造层次应包括：基层、绝热层、普通防水层、耐根穿刺防水层、保护层、排（蓄）水层、过滤层、种植土层和植被层等。根据各地区气候特点、屋面形式和植物种类等情况，可增减屋面构造层次。坡度小于10%的坡屋面的植被层和种植土层不易滑坡，可按平屋面种植设计要求执行。屋面坡度大于等于20%的种植坡屋面设计应设置防滑构造，分为满覆盖种植和非满覆盖种植两种情况。

3. 蓄水屋面

蓄水屋面是在刚性防水屋面上蓄一层水，利用水蒸发时带走大量水层中的热量，从而大量消耗晒到屋面的太阳辐射热，有效地减弱了屋面的传热量和降低屋面温度，是一种较好的

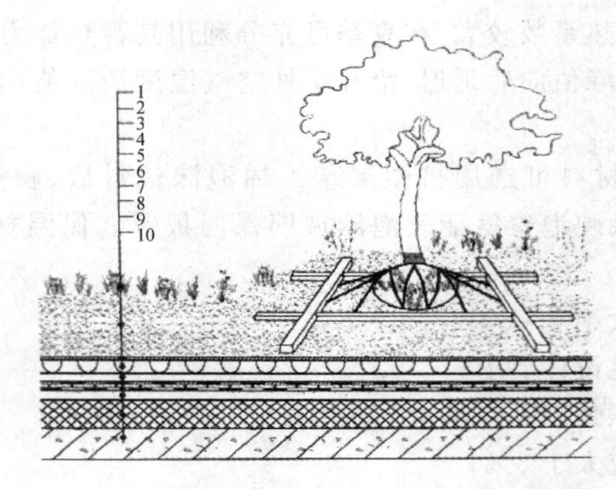

图 3.6 种植平屋面基本构造层次

1—植被层；2—种植土层；3—过滤层；4—排(蓄)水层；5—保护层；
6—耐根穿刺防水层；7—普通防水层；8—找坡(平)层；9—绝热层；10—基层

隔热措施，是改善屋面热工性能的有效途径。

在相同的条件下，蓄水屋面使屋顶内表面的温度输出和热流响应降低很多，且受室外扰动的干扰较小，具有很好的隔热和节能效果。对于蓄水屋面，由于一般是在混凝土刚性防水层上蓄水，既可利用水层隔热降温，又改善了混凝土的使用条件，避免了直接暴晒和冰雪雨水引起的急剧伸缩，长期浸泡在水中有利于混凝土后期强度的增长。同时由于混凝土有的成分在水中继续水化产生湿涨，使水中的混凝土有更好的防渗水性能。蓄水的蒸发和流动能及时地将热量带走，减缓了整个屋面的温度变化。另外，由于在屋面上蓄上一定厚度的水，增大了整个屋面的热阻和温度的衰减倍数，从而降低了屋面内表面的最高温度。经实测，深蓄水屋面的顶层住户的夏日温度比普通屋面要低 2～5℃。

蓄水屋面又分为普通蓄水屋面和深蓄水屋面之分。普通蓄水屋面需定期向屋顶供水，以维持一定的水面高度。深蓄水屋面则可利用降雨量来补偿水面的蒸发，基本上不需要人为供水。蓄水屋面除增加结构的荷载外，如果其防水处理不当，还可能漏水、渗水。因此，蓄水屋面既可用于刚性防水屋面，也可用于卷材防水屋面。采用刚性防水层时也应按规定做好分格缝，防水层做好后应及时养护，蓄水后不得断水。采用卷材防水层时，其做法与卷材防水屋面相同，应注意避免在潮湿条件下施工。

3.1.6 建筑遮阳技术

在夏季，阳光通过建筑窗口照射房间，会造成室内过热和炫光现象。窗口阳光的直接照射将会使人感到炎热难受，以致影响工作和学习的正常进行。对空调建筑，窗口阳光的直接照射也会大大增加空调负荷，造成空调能耗过高。直射阳光照射到工作面上，会造成眩光，刺激人的眼睛。在某些房间，阳光中的紫外线往往使一些被照射的物品褪色、变质，以致损坏。为了避免上述情况、节约能源，建筑设计通常应采取必要的遮阳措施。虽然遮阳对整座建筑的防热都有效果，但是窗户遮阳则更显重要，因而应用更为广泛。多年来，遮阳这种传统高效的防热措施常常被人们忽略，但是近几年来，世界能源短缺和绿色生态理念重新赋予了建筑遮阳以新的活力。

1．遮阳的主要功能

遮阳是防止过多直射阳光直接照射房间而设置的一种建筑构件。遮阳是历史最悠久、简便高效的建筑防热措施，无论是从古典的建筑，还是现代建筑均可以看到遮阳的广泛应用。许多遮阳既用于建筑的室内防热，同时也为室外活动提供了阴凉的空间。古代希腊和罗马建筑的柱廊和柱式门廊都具有这种功能。我国古建筑屋顶巨大的挑檐也具有明显的遮阳作用。许多著名的建筑也表现出对遮阳的重视，并且运用它创造了强烈的视觉效果。世界著名现代建筑师（勒·柯布西耶和赖特）也在其多数建筑设计中都运用了遮阳的手法。建筑遮阳既为人创造了温暖的舒适感，同时也能够为建筑勾勒出独特的线条，从而营造出一种强烈的美学效果。

2．遮阳的分类

根据不同的分类方式，遮阳可以分为许多类型。依据所处位置，遮阳可以分为室内遮阳、室外遮阳和中间遮阳；依据可调节性，遮阳可以分为固定遮阳和活动遮阳；依据所用材料，遮阳可以分为混凝土遮阳、金属遮阳、织物遮阳、玻璃遮阳和植物遮阳等；依据其布置方式，遮阳可以分为水平遮阳、垂直遮阳、综合遮阳和挡板遮阳等；依据其构造和形态，遮阳可以分为实体遮阳、百叶遮阳和花格遮阳等类型。

有时，很多建筑并未设置上述比较典型的遮阳，但是建筑师经过某些构造处理也可实现建筑遮阳的功能。例如将窗户深深嵌入很厚的外墙墙体内，其效果即相当于设置了一个比较窄的遮阳。

3．遮阳的防热、节能原理

日照总共由三部分构成：太阳直射、太阳漫射和太阳反射辐射。当不需要太阳辐射采暖时，在窗户上可以安装遮阳以遮挡直射阳光，同样也可以遮挡漫射光和反射光。因此，遮阳装置的类型、大小和位置取决于所受阳光直射、漫射和反射影响部位的尺度。反射光往往是最好控制的，可以通过减少反射面来实现，最好的调节方法常常是利用植物。漫射光是很难控制的，因此常用附加室内遮阳或是采用玻璃窗内遮阳的方法。控制直射光的有效方式是室外遮阳。

遮阳与采光有时是互相影响甚至是互相矛盾的。不过，通常可以采取恰当的方式利用遮阳设计将太阳能引入室内，这样既可以提供高质置的采光，同时又减少了辐射到室内的热量。理想的遮阳装置应该能够在保温良好的视野和微风吹入窗内时，最大限度地阻挡太阳辐射。

4．遮阳设计原则

遮阳的尺寸和类型应依据建筑的类型、气候条件和建筑场地的纬度确定。遮阳设计应该将遮阳尽可能设计成建筑的一部分，建筑各个朝向应当选择适宜的遮阳类型。根据建筑节能设计标准的要求，不同朝向的开窗面积也应该有所区别。活动遮阳比固定装置使用更方便高效，应该优先选用植物遮阳，室外遮阳比室内遮阳和玻璃遮阳更为理想。

5. 固定遮阳

固定遮阳包括水平遮阳、垂直遮阳和挡板遮阳三种基本形式。

水平遮阳能够遮挡从窗口上方射来的阳光，适用于南向外窗。

垂直遮阳能够遮挡从窗口两侧射来的阳光，适用于北向外窗。

挡板遮阳能够遮挡平射到窗口的阳光，适用于接近于东西向外窗。

实际中可以单独选用遮阳形式或者对其进行组合，常见的还有综合、固定百叶、花格遮阳等。

固定式遮阳因为构造简单、造价低、维修少等特点比活动遮阳装置使用更为广泛。然而，固定遮阳装置的效果因不能调节而受到一定影响，在某些场合不如活动遮阳装置效率高。

6. 活动遮阳

固定遮阳不可避免地会带来与采光、自然通风、冬季采暖、视野等方面的矛盾。活动遮阳可以根据使用者个人爱好及其他需求，自由地控制遮阳系统的工作状况。活动遮阳的形式包括遮阳卷帘、活动百叶遮阳等。

(1) 窗外遮阳卷帘

它适用于各个朝向的窗户。当卷帘完全放下的时候，能够遮挡住几乎所有的太阳辐射，这时候进入外窗的热量只有卷帘吸收的太阳辐射能量向内传递的部分。如果采用导热系数小的玻璃，则进入窗户的太阳热量非常少。此外也可以适当保持卷帘与窗户玻璃之间的距离，利用自然通风带走卷帘上的热量，也能有效减少卷帘上的热量向室内传递。

(2) 活动百叶遮阳

活动百叶遮阳有升降式百叶帘和百叶护窗等形式。百叶帘既可以升降，也可以调节角度，在遮阳、采光和通风之间达到了平衡，因而在办公楼宇及民用住宅得到了很大的应用。根据材料的不同，分为铝百叶帘、木百叶帘和塑料百叶帘。百叶护窗的功能类似于外卷帘，在构造上更为简单，一般为推拉的形式或者外开的形式，在国外得到大量的应用。

(3) 遮阳篷

这类产品很常见，但各自安装太显杂乱。

(4) 遮阳纱幕

这类产品既能遮挡阳光辐射，又能根据材料选择控制可见光的进入量，防止紫外线，并能避免眩光的干扰，适合于炎热地区。纱幕的材料主要采用玻璃纤维，耐火防腐且坚固耐久。

3.2 可再生能源利用技术

为了促进可再生能源的开发利用，增加可再生能源及材料供应，改善能源结构，保障能源安全，保护环境，实现经济社会的可持续发展，我国制定了《中华人民共和国可再生能源法》，并且已由中华人民共和国第十届全国人民代表大会常务委员会第十四次会议于2005年2月28日通过，自2006年1月1日起施行。

可再生能源法中所称可再生能源，是指风能、太阳能、水能、生物质能、地热能、海洋能等非化石能源。可再生能源法要求从事国内地产开发的企业应当根据规定的技术规范，在建筑物的设计和施工中，为太阳能利用提供必备条件。对于既有建筑，住户可以在不影响其质量与安全的前提下安装符合技术规范和产品标准的太阳能利用系统。虽然我国在风能、生物质能、太阳能等领域已经取得了积极的成果，同时在地热(地冷)的开发利用方面也进行了有益的探索，但由于经济、技术等原因，这些技术并没有在建筑上得到广泛全面的应用。目前发展较快、在建筑领域便于推广、应用的可再生能源主要是太阳能和地热(地冷)能。

3.2.1 太阳能利用技术

1. 我国的太阳能资源

太阳能是取之不尽，用之不竭的天然能源，我国是太阳能能源丰富的国家。全国总面积2/3以上地区年日照数大于2000h，辐射总量在3340～8360MJ/m^2，相当于110～280kg标准煤的热量。全国陆地面积每年接受的太阳辐射能约等于2.4万亿t标准煤。如果将这些太阳能有效利用，对于减少二氧化碳排放，保护生态环境，保障经济发展过程中能源的持续稳定供应都将具有重大意义。

我国政府十分重视太阳能、风能等可再生能源的发展。根据国家发改委的规划：到2020年，我国太阳能等可再生能源在一次能源消费结构中的比重将由目前的7%左右提高到15%左右。

2. 太阳能利用原理

太阳能利用的基本形式分为被动式和主动式。被动式的工作机理主要是“温室效应”。它是一种完全通过建筑朝向和周围环境的合理布置、内部空间和外部形体的巧妙处理以及材料、结构的恰当选择、集取、蓄存、分配太阳热能的建筑，如被动式太阳房。主动式即全部或部分应用太阳能光电和光热新技术为建筑提供能源。

应用比较广泛的太阳能利用技术有以下几种。

(1) 太阳能热水系统

应用太阳能集热器可组成集中式或分户式太阳能热水系统为用户提供生活热水,目前在国内该技术最成熟,应用最广泛。

太阳能热水器理论上是一次投资,使用不花钱。实际上这是不可能的,因为无论任何地方,每年都有阴云雨雪天气以及冬季日照不足天气。在此气候下主要靠电加热制热水(也有一些产品是靠燃气加热),每年平均有25%～50%以上的热水需要完全靠电加热(地区之间不尽相同,阴天多的地区实际耗电量还要大。上海地区近三年的统计数据表明,平均每年阴雨天高达67%,热水器70%的热能来自电或者燃气)。这样一来太阳能热水器实际耗电量比热泵热水器大。此外,敷设在太阳能热水器室外管路上的"电热防冻带(只在北方地区有)",也要消耗大量电能。因此,选用时应综合考虑。

(2) 太阳能光电系统

应用太阳能光伏电池、蓄电、逆变、控制、并网等设备,可构成太阳能光电系统。光电电池的主要优点是:可以与外装饰材料结合使用,运行时不产生噪声和废气;光电板的质量很轻,他们可以随时间按照射的角度转动;同时太阳能光电板优美的外观,具有特殊的装饰效果,更赋予建筑物鲜明的现代科技色彩。

目前,光电池和建筑围护结构一体化设计是光电利用技术的发展方向,它能使建筑物从单纯的耗能型转变为供能型。产生的电能可独立存储,也可以并网应用。并网式适合于已有电网供电的用户,当产生的电量大于用户需求时,多余的电量可以输送到电网,反之可以提供给用户。

光电技术产品还有太阳能室外照明灯、信息显示屏、信号灯等。目前光电池面临的一大难题是成本较高,但随着应用的增加,会大幅度降低生产成本。我国已经开展了晶硅高效电池、非晶硅和多晶硅薄膜电池等光电池以及光伏发电系统的研制,并建成了千瓦级的独立和并网的光伏示范项目。

建筑的太阳能光电利用在充分利用太阳能的同时,改善了建筑室内环境和外部形象,节省了常规能源的消耗,同时还减少了CO_2等有害气体排放,对保护环境也有突出贡献。太阳能光电利用的效益评价决不能仅仅局限于眼前的经济效益,应该充分考虑这种改造对未来所产生的社会和环境效益(后者甚至比前者更重要)。应充分认识太阳能光电利用的战略意义。

(3) 太阳墙采暖通风技术

太阳墙采暖通风技术的原理是建筑将南向"多余"的太阳能收集起来加热空气,再由风机通过管道系统将加热的空气送至北向房间,达到采暖通风的效果。

太阳墙系统由集热和气流输送两部分系统组成,房间是蓄热器。集热系统包括垂直墙板、遮雨板和支撑框架。气流输送系统包括风机和管道。太阳墙板材覆于建筑外墙的外侧,上面开有大量密布的小孔,与墙体的间距由计算决定,一般在200mm左右,形成的空腔与建筑内部通风系统的管道相连,管道中设置风机,用于抽取空腔内的空气。太阳墙系统构造如图3.7所示。

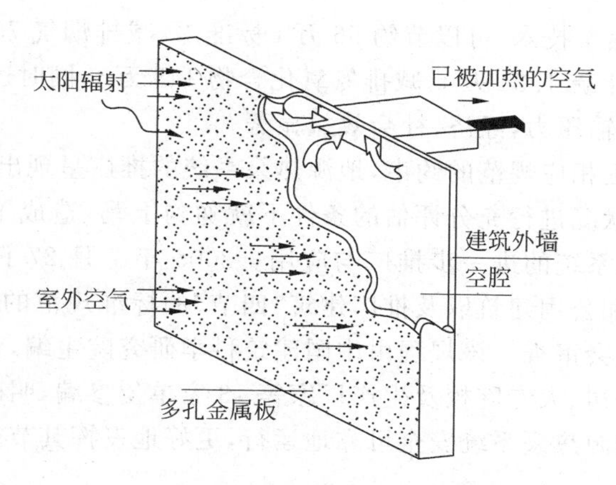

图 3.7　太阳墙系统构造示意图

3.2.2　地能利用原理与技术

近年来的国内外科学研究揭示，土壤温度的变化随着深度的增加而减小，到地下 15m 时，这种变化可忽略。土壤温度一年四季相对稳定，地能利用技术就是利用地下土壤温度这种稳定的特性，以大地作为热源（也称地能，包括地下水、土壤或地表水），以土壤作为最直接最稳定的换热器，通过输入少量的高位能源（如电能），经过热泵机组的提升作用，将土壤中的低品位能源转换为可以直接利用的高品位能源。

1. 地能利用原理

地能利用原理就是通过热泵机组将土壤中的低品位能源转换为可以直接利用的高品位能源，就可以在冬季把地能作为热泵供暖的热源，把高于环境温度的地能中的热能取出来供给室内采暖；在夏季把地能作为空调的冷源，把室内的热能取出来释放到低于环境温度的地能中，以实现冬季向建筑物供热、夏季提供制冷，并可根据用户的要求随时提供热水。

2. 国内外地能利用情况

地能利用在国外已有数十年历史，地源热泵技术在北美和欧洲非常成熟，已经是一种被广泛采用的空调系统。目前在欧美，地源热泵中央空调系统产品的市场占有率已经达到 30%。瑞士 50%的新建建筑均采用地源热泵空调系统。美国目前已经投入使用了 50 万套地源热泵中央空调系统，在加拿大安大略省 40%的建筑均采用地源热泵空调系统。

在我国，自 20 世纪 90 年代，清华大学等科研机构开发出填补国内空白的节能冷暖机及地温中央空调后，这种环保型空调已经处在发展阶段。近年来，在国家科技部、国家环保总局、国家质监局等五部委的大力支持推荐下，地源热泵技术受到了广泛的关注和重视，地源热泵中央空调已经在一些国家机关、部分企业和建筑物上开始推广使用，显示出了广阔的应用前景。

截至 2016 年 3 月，我国地源热泵技术的建筑应用面积已超过 1.4 亿 m^2。据测算，每推广 1000 万 m^2 的地源热泵技术，可以节约 56 万 t 标准煤，减排烟气 75 亿标准 m^3，减排颗粒物 2.5 万 t，减排二氧化硫 1.34 万 t，减排氮氧化合物 143 万 t，同时还可减少每年供暖用煤的存放量，大大缓解运输压力，经济、社会效益显著。

以前由于国内缺乏相应规范的约束，地源热泵系统的推广呈现出很大的盲目性，许多项目在没有对当地资源状况进行充分评估的条件下就匆匆上马，造成了地源热泵系统工作不正常，影响了地源热泵系统的进一步推广与应用。2005 年 7 月 27 日，由建设部主持、作为发展节能省地型住宅和公用建筑以及推广建筑“四节”的标准规范的《地源热泵供热空调技术规程》通过专家委员会审查。该规程由中国建筑科学研究院主编，包括设计院、科研院所、地质勘察部门、专业公司、大专院校及生产厂家等 13 家单位参编，明确规范了地源热泵系统的施工及验收，确保地源热泵系统安全可靠地运行，更好地发挥其节能效益。

3. 地源热泵技术

地源热泵是地能利用的一种常见方式，它是利用地下浅层地热源资源（也称地能，包括地下水、土壤或地表水等）既可制热又可制冷的高效节能空调系统。地源热泵通过输入少量的高品位能源（如电能），实现低温位热能向高温位转移。地能分别在冬季作为热泵供暖的热源和夏季空调的冷源。在冬季，把地能中的热取出来，提高温度后供给室内采暖；在夏季，把室内热量取出来，释放到地能中去。由于系统采取了特殊的换热方式，使之具有传统空调无法比拟的高效节能优点。

(1) 土壤埋管地源热泵(图 3.8(a))

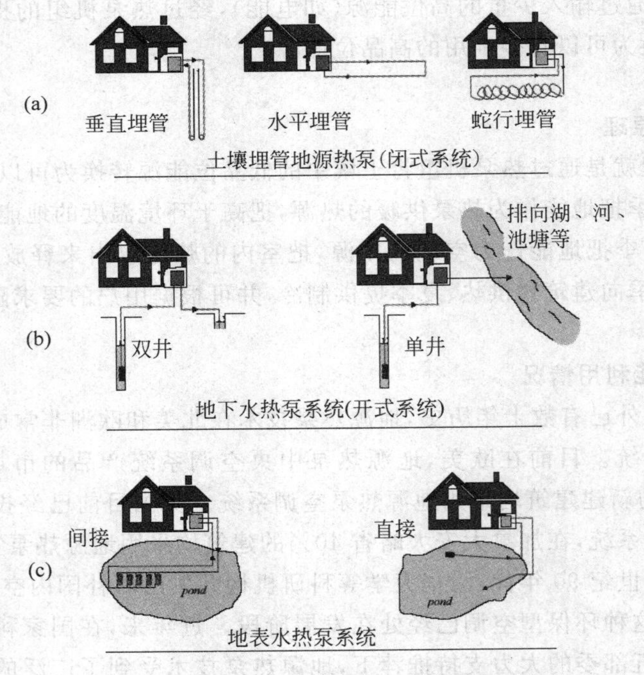

图 3.8 土壤热泵中央空调形式

土壤埋管地源热泵通过埋设在土壤中的高效传热管及管内流动的循环液与大地换热从而对建筑物进行空气调节的技术。冬季通过热泵提取大地中低位热能并将其转化提高到

50℃左右，对建筑物供暖；夏季通过热泵将建筑物内的热量排放在土壤中，使冷却水温度下降，从而对建筑物供冷。土壤提供了一个绝好的免费能量存储源泉。

(2) 地下水热泵系统(图3.8(b))

地下水的应用因其存在不可避免的污染问题而在我国受到严格的限制，且易抽难灌，因此其推广势难持久。

(3) 地表水热泵系统(图3.8(c))

在10m或更深的湖中，可提供10℃的直接制冷，比地下埋管系统投资要小，水泵能耗较低，可靠性高，维修要求低、运行费用低。在温暖地区，湖水可做热源。

与常规空调系统相比，地源热泵系统具有技术成熟、运行节能、安全可靠、利于环保、一机多用等优点，地源热泵与风冷小中央空调机组对比如表3.16所示；地源热泵与VRV变频空调机组比较如表3.17所示。

表3.16　地源热泵和风冷小中央空调机组比较

描述	地源热泵空调	风冷小中央空调
系统安装	因系统管路中介质为水，安全、可靠，即使管路出现泄漏也易于及时发现。地埋管采用进口高密度聚乙烯管，其寿命长达50年	室外机与室内机之间需用氟利昂管路相接，易出现泄漏，存在隐患
空调效果	空调效果不受环境温度影响，系统运行稳定可靠	空调效果受环境因素影响，在寒冷季节，一般室外环境温度低于－5℃时，机组难以启动，即使勉强启动，其效率也大打折扣
运行费用	地源热泵系统COP值一般在5.0以上，其运行费用比风冷及VRV空调系统低30%～40%	COP值在3左右，运行费用较高
机组安装形式	没有室外机，机组仅需吊装在辅助性房间的吊顶内，不影响美观	室外机需悬挂在室外，长期风吹雨淋，暴晒、暴冻，不仅影响美观，而且使机组寿命大大缩短
机组寿命	润滑油和氟利昂均密闭在机组内，保证压缩机可靠安全运行。机组压缩机寿命一般在20年以上	氟利昂和润滑油一起进入末端的设备，易造成润滑油滞留在末端设备而无法回油，导致压缩机缺油运行。一旦控制有故障，压缩机很容易烧毁。压缩机使用寿命一般在10年以内

表3.17　地源热泵和VRV变频空调机组比较

序号	地源热泵中央空调系统	VRV空调系统
1	真正可以回收废热节能的中央空调系统，功率系数可达5.0	不是真正的中央空调，是“改型”的分体家用空调。功率系数低，变频控制容易产生EMC电子干扰
2	因为机组在室内，受外界环境影响小，而且是完全密闭的循环系统，即使在酷暑或严冬都可以满足制冷或制热要求	机组在室外受外界影响大。因为VRV系统室外主机为风冷热泵，所以其空调效果受外界环境影响大。风冷热泵的出力与外界环境成反比：在冬季，其制热能力会随着外界温度降低而大幅下降；在夏季，其制冷能力也随着外界温度升高而降低。实际使用时效能比与样本比较要低很多

续表

序号	地源热泵中央空调系统	VRV空调系统
3	因为没有室外机组，所以使用该系统的建筑物不会“破相”，符合对建筑物空调机的安装法规制度	不可避免要将主机放置在室外，或悬挂或落地，会影响建筑物的美观程度。受到法规制度限制
4	该系统运行稳定、安全。机组全部由工厂生产检测完毕才送到现场	因为末端与主机之间有长达50m的氟利昂管道相连，所以在运行过程中，容易因安装或震动产生制冷剂的泄漏，特别分叉头很容易出问题。现场大量焊接工作，给品质控制带来很多难题
5	该系统维护保养方便，个别机组有问题不会影响整个系统的运行，保养费用非常低	系统维修复杂，因为末端与主机间由制冷剂管道相连，所以当机组出现故障时，必需中断整个系统的工作。 机组维修费用非常贵，同时因整个系统都使用氟利昂，因泄漏而需要不断补充冷媒，非常昂贵。系统控制部分非常复杂，易出故障，维修费很高
6	系统运行稳定，使用寿命长。在维护正常的情况下，地源热泵机组可以使用20年以上	主机在室外，长期风吹雨打，暴晒暴冻，使系统寿命较短，通常在12年以内，而且还要在保证制冷剂不泄漏的情况下
7	清华同方地源热泵12P主机输电入功率为5.5kW	大金VRV12P主机输入电功率为8.93kW
8	已在美洲、澳洲、欧洲运行40多年，系统非常成熟，在国内也已有10多年的使用经验	该系统推出至今只有几年时间，尚有两大技术难关等待攻克

4. 地源热泵应用方式

根据应用的建筑物对象，地源热泵可分为家用和商用两大类；按输送冷热量方式可分为集中系统、分散系统和混合系统。家用系统是指用户使用自己的热泵、地源和水路或风管输送系统进行冷热供应，多用于小型住宅、别墅等户式空调。

(1) 集中系统

热泵布置在机房内，冷热量集中通过风道或水路分配系统送到各房间。

(2) 分散系统

用户单独使用自己的热泵机组调节空气。一般用于办公楼、学校、商用建筑等，此系统可将用户使用的冷热量完全反应在用电上，便于计量，适用于目前的独立热计量要求。

(3) 混合系统

将地源和冷却塔或加热锅炉联合使用作为冷热源的系统，混合系统与分散系统非常类似，只是冷热源系统增加了冷却塔或锅炉。南方地区冷负荷大、热负荷低，夏季适合联合使用地源和冷却塔，冬季只使用地源。北方地区热负荷大、冷负荷低，冬季适合联合使用地源和锅炉，夏季只使用地源。这样可减少地源的容量和尺寸，节省投资。分散系统或混合系统实质上是一种水环路热泵空调系统形式。

3.3　城市雨水利用技术

3.3.1　城市雨水利用的意义和现状

1. 城市雨水利用的意义

降雨是自然界水循环过程的重要环节，雨水对调节和补充城市水资源量、改善生态环境起着极为关键的作用。雨水对城市也可能造成一些负向影响，例如：雨水常常使道路泥泞，间接影响市民的工作和生活；排水水不畅时，也可造成城市洪涝灾害等。因此，城市雨水往往要通过城市排水设施来及时、迅速地排除。

雨水作为自然界水循环的阶段性产物，其水质优良，是城市中十分宝贵的水资源。通过合理的规划和设计，采取相应的工程措施，可将城市雨水充分利用。这样不仅能在一定程度上缓解城市水资源的供需矛盾，而且还可有效地减少城市地面水径流量，延滞汇流时间，减轻排水设施的压力，减少防洪投资和洪灾损失。

城市雨水利用就是通过工程技术措施收集、储存并利用雨水，同时通过雨水的渗透、回灌补充地下水及地面水源，维持并改善城市的水循环系统。

2. 城市雨水利用的现状

人类对雨水的利用具有悠久的历史，自20世纪70年代以来，英国、德国、美国、日本等国对雨水利用十分重视，对雨水的集水方面进行了大量的理论研究和实际应用。

在英国，为了庆祝新千年的到来，在格林尼治兴建的英国世纪穹顶耗资7.58亿英镑，中心穹顶高50m，屋顶面积100000m^2。作为环境措施的一部分，泰晤士河公司在该穹顶安装了大型的中水回收装置，以穹顶收集的雨水作为建筑内的厕所冲洗提供100m^3/d的回收水。收集的雨水一次通过一级芦苇床、潟湖及三级芦苇床净化。该处理系统不仅利用自然的方式有效地预处理了雨水，同时很好地融入实际穹顶的景观中。

德国是欧洲开展雨水利用工程最好的国家之一。德国利用公共雨水管收集雨水并经过简单的处理后到达杂用水水质标准，可用于街区公寓的厕所冲洗和庭院浇晒，部分地区利用雨水可节约饮用水达50%。目前，德国在新建小区(无论是工业、商业、居住区)中均要设计雨水利用设施，否则政府将征收雨洪排放设施税和雨水排放费。

美国的雨水利用是以提高天然入渗能力为其宗旨，针对城市化引起河道下游洪水泛滥问题，美国的科罗拉多州(1974年)、佛罗里达州(1974年)、宾夕法尼亚州(1978年)分别制定了雨水管理条例。各州普遍推广屋顶蓄水和由入渗池、井、草地、透水路面组成的地表回灌系统，其中加州弗雷斯诺市年回灌量占该市年用水量的1/5。

我国的城市雨水利用具有悠久的历史，而真正意义上城市雨水利用的研究与应用却是从20世纪80年代开始的，并于90年代发展起来。总的来说，我国城市雨水利用起步较晚，技术还较落后，目前主要在缺水地区有一些小型、局部的非标准性应用，缺乏系统性，更缺少法律、法规保障体系。20世纪90年代以后，我国一些城市的建筑物已建有雨水收集系统，但是没有处理和回用系统，比较典型的有山东的长岛县、大连的獐子岛和舟山市葫芦岛等雨水集流利用工程。

我国大中城市的雨水利用基本处于探索与研究阶段，北京、上海、大连、哈尔滨、西安等许多城市相继开展研究，已显示出良好的发展势头。由于北京市的缺水形势严峻，因而雨水利用工作发展较快。2001年国务院批准了包括雨洪利用规划内容的"21世纪初期首都水资源可持续利用规划"，这对于北京市的雨水利用具有极大的推动作用。

北京市某中学的雨水利用项目即收到了明显的社会、经济效益。该中学总设计人数1500人，总占地面积$24640m^2$，其中建筑占地$8934m^2$，道路、广场、运动场占地$10154m^2$，绿地面积$5552m^2$，景观水体水面积$500m^2$。为了有效地保护和利用水资源，改善该学校景观和环境，促进生态环境建设与可持续发展，在校园内实施了雨水利用项目。该中学考虑对校区汇集的雨水进行净化，然后用于冲厕、冲洗操场、景观和绿化，不再外排。这不但可节约自来水，也降低了排水系统的建造费用，削减了雨水径流量和污染负荷，保护了校区和景观水环境与生态环境。根据学校地形和地质条件，考虑雨水收集的方式和途径，决定采用暗渠收集地面雨水。为节省占地，将调节储存池设于校内景观水体之下。将校园内一块绿地改造为生态净化池，雨水由调节储存池泵入生态净化池得到充分净化，既减少了占地面积、缩短了管线使用量，又可改善储存雨水的水质。屋面雨水和路面雨水通过地形坡度先引入建筑附近的低势绿地或浅沟进行截污、下渗。对学校厨房的洗菜废水，设专门的管道将其汇入收集雨水的暗渠。与传统雨水排放设计方案进行技术经济比较，以雨水作为新的水源，减少了管网负荷和污染负荷，减少了污水处理费用。虽然初期投资高出约86万元，但其优势是每年可利用雨水$8000m^3$，按4元/m^3计，年节约水费3.2万元；调节储存池等可调节洪峰流量，使校区具有较大的防洪能力；能有效地利用雨水，采用生态设计，保障景观水体水质；节约水处理设备，运用自然的土壤净化方法，生态净化池易于管理。因此，该项目虽然投资较大，但充分利用了雨水资源，改善了生态环境，其远期经济效益和社会效益是初期投资无法比拟的。

我国有些建筑已建有完善的雨水收集系统，但无处理和回用系统。目前，我国雨水利用多在农村的农业领域，城市雨水利用的实例还很少。随着城市的发展，可供城市利用的地表水和地下水资源日趋紧缺，加强城市雨水利用的研究，实现城市雨水的综合利用，将是城市可持续发展的重要基础。

3.3.2 城市雨水利用设施

1. 雨水收集系统

雨水收集系统是将雨水收集、储存并经简易净化后供给用户的系统。依据雨水收集场地的不同，分为屋面集水式和地面集水式两种。

屋面集水式雨水收集系统由屋顶集水场、集水槽、落水管输水管、简易净化装置（粗滤池）、储水池和取水设备组成。地面集水式雨水收集系统由地面集水场、汇水渠、简易净化装置（沉砂池、沉淀池粗滤池）、储水池和取水设备组成。

2. 雨水收集场

(1) 屋面集水场

坡度往往影响屋面雨水的水质。因此，要选择适当的屋面材料，选用黏土瓦、石板、水泥瓦、镀锌铁皮等材料，而不宜收集草皮屋顶、石棉瓦屋顶、油漆涂料屋顶的水，因为草皮中会积存大量微生物和有机污染物，石棉瓦在水冲刷浸泡下会析出对人体有害的石棉纤维，有些油漆和涂料不仅会使水有异味，在雨水作用下还会溶出有害物质。

(2) 地面集水场

地面集水场是按用水量的要求在地面上单独建造的雨水收集场。为保证集水效果，场地宜建成有一定坡度的条形集水区，坡度不小于1∶200。在低处修建一条汇水渠，汇集来自各条形集水区的降水径流，并将水引至沉沙池。汇水渠坡度应不小于1∶400。

3. 雨水储留方式

(1) 城市集中储水

城市集中储水是指通过工程设施将城市雨水径流集中储存，以备处理后用于城市杂用水或消防等方面的工程措施。

(2) 分散储水

分散储水是指通过修筑小水库、塘坝、水窖（储水池）等工程设施，把集流场所拦蓄的雨水储存起来，以备利用。

4. 雨水简易净化

(1) 屋面集水式的雨水净化

除去初期雨水后，屋面集水的水质较好，因此采用粗滤池净化，出水消毒后便可使用。

(2) 地面集水式的雨水净化

地面集水式雨水收集系统收集的雨水一般水量大，但水质较差，要通过沉砂、沉淀、混凝、过滤和消毒处理后才能使用。实际应用时可根据原水水质和出水水质的要求对上述处理单元进行增减。

5. 雨水渗透

雨水渗透是通过人工措施将雨水集中并渗入补给地下水的方法。雨水渗透可增加雨水向地下的渗入量，使地下水得到更多的补给量，对维持区域水资源平衡，尤其对地下水严重超采区控制地下水水位持续下降具有十分积极的意义。研究和应用表明，渗透设施对涵养雨水和抑制暴雨径流的作用十分显著，采用渗透设施通常可使雨水流出率减少到1/6。另外，日本东京、横滨对雨水渗透现场的地下水进行了连续监测，未发现由于雨水入渗而引起地下水污染现象。

根据设施的不同，雨水渗透方法可分为散水法和深井法两种。

散水法是通过地面设施（如渗透检查井、渗透管、渗透沟、透水地面或渗透池等）将雨水渗入地下的方法。

深井法是将雨水引入回灌并直接渗入含水层的方法，对缓解地下水位持续下降具有十分积极的意义。

雨水渗透设施主要包括以下几种。

（1）多孔沥青及混凝土地面

（2）草皮砖

草皮砖是带有各种形状空隙的混凝土铺地材料，开孔率可达20%～30%。

（3）地面渗透池

当有天然洼地或贫瘠土地可利用，且土壤渗透性能良好时，可将汛期雨水集于洼地或浅塘中，形成地面渗透池。

（4）地下渗透池

地下渗透池是利用碎石空隙、穿孔管、渗透渠等储存雨水的装置，它的最大优点是利用地下空间而不占用日益紧缺的城市地面土地。由于雨水被储存于地下蓄水层的孔隙中，因而不会滋生蚊蝇，也不会对周围环境造成影响。

（5）渗透管

渗透管一般采用穿孔管材或用透水材料（如混凝土管）制成，横向埋于地下，在其外围填埋砾石或碎石层。汇集的雨水通过透水壁进入四周的碎石层，并向四周土壤渗透。渗透管具有占地少、渗透性好的优点，便于在城市及生活小区设置，可与雨水管系统、渗透池及渗透井等综合使用，也可单独使用。

（6）回灌井

回灌井是利用雨水人工补给地下水的有效方法，主要设施有管井、大口井、竖井等及管道和回灌泵、真空泵等。目前国内的深井回罐方法有真空（负压）、加压（正压）和自流（无压）三种方式。

3.3.3 雨水利用设计的要点

1. 可用雨量的确定

雨水在实际利用时受到许多其他因素的制约，如气候条件、降雨季节的分配、雨水水质、地形地质条件以及特定地区建筑的布局和构造等。因此，在雨水利用时要根据利用目的，通过合理规划，在技术和经济可行的条件下使降雨量尽可能多地转化为可利用雨量。

2. 雨水利用的高程控制

当城市住宅小区和大型公共建筑区进行雨水利用，尤其是以渗透利用为主时，应将高程设计和小区总平面设计、绿化、停车场、水景统一考虑，如使道路高程高于绿地高程。屋面水流经初期弃流装置后，通过花坛、绿地、渗透明渠等进入地下渗透池和地下渗透管沟等渗透设施。在有条件的地区，可通过水量平衡计算，也可结合水景设计综合考虑。

3. 雨水渗透装置

雨水渗透是通过一定的渗透装置来完成的，目前常用的雨水渗透装置有以下几种：渗透浅沟、渗透渠、渗透池、渗透管沟、渗透路面等，每种渗透装置可单独使用也可联合使用。

① 渗透浅沟为用植被覆盖的低洼，较适用于建筑庭院内。

② 渗透渠为用不同渗透材料建成的渠，常布置于道路、高速公路两旁或停车场附近。

③ 渗透池是用于雨水滞留并进行渗透的池子。对于有良好天然池塘的地区，可以直接利用天然池塘以减少投资。也可人工挖掘一个池子，池中填满砂砾和碎石，再覆以回填土。碎石间空隙可储存雨水，被储藏的雨水可以在一段时间内慢慢入渗。渗透池比较适合小区使用。

④ 渗透管沟是一种特殊的渗透装置，不仅可以在碎石填料中储存雨水，而且可以在渗透管中储存雨水。

⑤ 渗透路面有三种：一是渗透性柏油路面，二是渗透性混凝土路面，三是框格状镂空地砖铺砌的路面。临近商业区、学校及办公楼等的停车场和广场多采用第三种路面。

4. 初期弃流装置

雨水初期弃流装置有很多种形式，但目前在国内主要处于研发阶段，在实施时要考虑具体可操作性，并便于运行管理。初期弃流量应根据当地情况确定。

5. 雨水收集装置的容积确定

如果将雨水用作中水补充水源，首先需要设贮水池，用于收集雨水并调节水量。该贮水池的容积可通过绘制某一设计重现期下不同降雨历时流至贮水池的径流量曲线，再对曲线下的面积求和即为贮水池的有效容积。

3.3.4 雨水利用中的问题及解决途径

1. 大气污染与地面污染

空气质量直接影响着降雨的水质。我国严重缺水的北方城市，大气污染已是普遍存在的环境问题。这些城市的雨水污染物浓度较高，有的地方已形成酸雨。这样的雨水降落至屋面或地面，比一般的雨水更容易溶解污染物，从而导致雨水利用的处理成本增加。

地面污染源也是雨水利用的严重障碍。雨水溶解了流经地区的固体污染物或与液体污染物混合后，形成了污染的雨水径流。当雨水中含有难以处理的污染物时，雨水的处理成本将成倍增加，影响雨水的利用。

改善城市水资源供需矛盾是一个十分宏大的系统工程，它涉及自然、环境、生态、经济和社会等各个领域。它们之间相辅相成,缺一不可。要重视大气污染和地表水污染的防治,根治地面固体污染源。

2. 屋面材料污染

屋面材料对屋面初期雨水径流的水质影响很大。目前我国城市普遍采用的屋面材料(如油毡、沥青)中有害物的溶出量较高,因此,要大力推广使用环保材料,以保证利用雨水和排出雨水的水质。

3. 降水量的确定

降雨过程存在着季节性和很大的随机性,因此,雨水利用工程设计中必须掌握当地的降雨规律,否则集水构筑物、处理构筑物及供水设施将无法确定。

降雨径流量的大小主要取决于次降雨量、降雨强度、地形及下垫面条件(包括土壤型、地表植被覆盖、土壤的入渗能力及土壤的前期含水率等)。

4. 雨水渗透工程的实施

雨水渗透工程是城市雨水补给地下水的有效措施。在工程设计与实施中,要注意渗透设施的选址、防止渗透装置堵塞和避免初期雨水径流的污染等问题。

3.4 污水再利用技术

随着全球工农业的飞速发展,用水量及排水量正逐年增加,而有限的地表水和地下水资源又不断被污染,加上地区性的水资源分布不均匀和周期性干旱,导致淡水资源日益短缺,水资源的供需矛盾呈现出愈来愈尖锐的趋势。在这种形势下,人们不得不在天然水资源(地下水、地表水)之外,通过多种途径开发新的水资源。主要途径有:海水淡化;远距离跨区域调水,以丰补缺,改变水资源分布不均的自然状况;污水处理利用。相比之下,污水处理利用比较现实易行,具有普遍意义。

3.4.1 污水再利用的意义

1. 缓解水资源短缺

由于全球性水资源危机正威胁着人类的生存和发展,世界上很多国家和地区已对城市污水处理利用作出了总体规划，把经适当处理的污水作为一种新水源，以缓解水资源的紧缺状况。因此，我国推行城市污水资源化，把处理后的污水作为第二水源加以利用，是合理利用水资源的重要途径，可以减少城市新鲜水的取用量，减轻城市供水不足的压力和负担，缓解水资源的供需矛盾。

2. 合理使用水资源

城市用水并非都需要优质水，只需满足所需要的水质要求即可。以生活用水为例，其中用于烹饪、饮用的水只占5%左右，而对于占20%、30%的不同人体直接接触的生活杂用水则并无过高的水质要求。为了避免市政、娱乐、景观、环境用水过多而占用居民生活所需的优质水，水质要求较低的应该提倡采用污水处理后满足要求的再用水，即原则上不将高一级水质的水用于低一级水质要求的场合，这应是合理利用水资源的基本原则。

3. 提高水资源利用的效益

城市污水和工业废水的水质相对稳定，易于收集，处理技术也较成熟，基建投资比远距离引水经济得多，并且污水回用所收取的水费可以使污水处理获得有力的财政支持，水污染防治得到可靠的经济保证。另外，污水处理利用减少了污水排放量，减轻了对水体的污染，可以有效地保护水源，相应降低取自该水源的水处理费用。

4. 环境保护的重要措施

污水处理利用是对污水的回收利用，而且污水中很多污染物需要在同时回收。

3.4.2　城市污水回用及可行性

城市污水回用包括两种方式：隐蔽回用和直接回用。隐蔽回用一般是指上游污水排入江河，下游取用；或者一地污水回渗地下，另一地回用。直接回用则是指对城市污水加以适当处理后直接利用。污水直接回用一般需要满足三个基本要求：水质合格、水量合用和经济合理。

1. 技术可行性

现代污水回用已有百余年的历史，技术上已经相当成熟。在我国国家“七五”“八五”科技攻关计划都把污水回用作为重大课题加以研究和推广。1992年，全国第一个城市污水回用于工业的示范工程在大连建成，并成功运行了十余年。目前北京、大连、天津、太原等大城市和一批中小城市在进行城市污水回用解决水荒上初见成效。《污水回用设计规范》已颁布实施，全国几十个大、中型污水回用工程正在建设之中，2000年全国城市处理污水回用率约达20%，对缓解北方和沿海城市缺水起到了一定的作用。

2. 经济效益可行性

城市污水处理一般均建在城市周围，在许多城市，污水经过二级处理后可就近回用于城市和大部分工农业部门，无需支付再生费用，以二级处理出水为原水的工业净水厂的治水成本一般低于甚至远低于以自然水为原水的自来水厂，这是因为取水距离大大缩短，节省了水资源费、远距离输水费和基建费。例如，将城市污水处理到可以回用作杂用水程度的基建费用，与从 15～30km 外引水的费用相当；若处理到可回用作更高要求的工艺用水，其投资相当于从 40～60km 外引水。而污水处理与净化的费用只占上述基建费用的小部分。此外，城市污水回用要比海水淡化经济，污水中所含的杂质少，只有 0.1%，可用深度处理方法加以去除；而海水则含有 3.5%的溶解盐和有机物，其杂质含量为污水二级处理出水的 35 倍以上。因此，无论基建费用还是运行成本，海水淡化费用都超过污水回用的处理费用，城市污水回用在经济上有较明显的优势。

3. 环境效益可行性

城市污水具有量大、集中、水质水量稳定等特点，污水进行适度处理后回用于工业生产，可使占城市用水量 50%左右的工业用水的自然取水量大大减少，使城市自然水耗量减少 30%以上，这将大大缓解水资源的不足，同时减少向水域的排污量，在带来客观的经济效益的同时也带来相当大的环境效益。

3.4.3 污水再利用类型和途径

1. 作为工业冷却水

国外城市污水在工业主要是用于对水质要求不高但用水量大的领域。我国工业用水的重复利用率很低，与世界发达国家相比差距很大。近年来，我国许多地区开展了污水回用的研究与应用，取得了不少好经验。

在城市用水中，70%以上为工业用水，而工业用水中 70%～80%用作水质要求不很高的冷却水，将适当处理后的城市污水作为工业用水的水源，是缓解缺水城市供需矛盾的途径之一。工业用水户的位置一般比较集中，且一年四季连续用水，因而是城市污水处理厂出水的稳定受纳体。根据生产工艺要求、水冷却方式和循环水的散热形式，循环冷却水系统可分为密闭式和开放式两种。

水在使用过程中不可避免地都会带来一定的污染物。因此，回用水的水质情况是比较复杂的，回用水的水质指标应该包括给水和污水两方面的水质指标。

2. 作为其他工业用水

对于多种多样的工业，每种工艺用水的水质要求和每种废水排出的水质各有不同，必须在具体情况具体分析的基础上经调查研究确定。

一般工业部门愿意接受饮用水标准的水，有时工业用水水质要比饮用水水质要求更严格。在这种情况下，工厂要按要求进行补充处理。再利用污水在其水质在满足不同的工业用水要求的情况下，可以广泛应用于造纸、化学、金属加工、石油、纺织工业等领域。

3. 作为生活杂用水

生活杂用水包括景观、城市绿化、建筑施工、洗车、扫除洒水、建筑物厕所冲洗等场合。随着城市污水截流干管的修建，原有的城市河流湖泊常出现缺水断流现象，影响城市美观与居民生活环境，再生水回用于景观水体在美国、日本逐年扩大规模。再生水回用于景观水体要注意水体的富营养化问题，以保证水体美观。要防止再生水中存在病原菌和有些毒性有机物对人体健康和生态环境的危害。

4. 作为农田灌溉水

以污水作灌溉用水在世界各地具有悠久的历史，早在19世纪后半期的欧洲发展最快。随着人口增加和工农业的发展，水资源紧缺日趋严峻农业用水尤为紧张，污水农业回用在世界上，尤其是缺水国家和发达国家日益受到重视。

我国水资源并不丰富，又具有空间和时间分布不均匀的特点，造成城市和农业的严重缺水。多年来，在广大缺水地区，水成为农业生产的主要制约因素。污水灌艰曾经成为解决这一矛盾的重要举措。

从国外和我国多年实行污水灌溉的经验可见，用于农业特别是粮食、蔬菜等作物灌溉的城市污水，必须经过适当处理以控制水质，含有毒有害污染物的废水必须经过必要的点源处理后才能排入城市的排水系统，再经过综合处理达到农田灌溉水质标准后才能引灌农田。总之，加强城市污水处理是发展污水农业回用的前提，污水农业回用必须同水污染治理相结合才能取得良好的成绩。城市污水农业回用较其他方面回用具有很多优点，如水质要求、投资和基建费用较低，可以变为水肥资源，容易形成规模效益。可以利用原有灌溉渠道，无需管网系统，既可就地回用，也可以处理后储存。

5. 作为地下回灌水

污水处理后向地下回灌是将水的回用与污水处置结合在一起最常用的方法之一。国内外许多地区已经采用处理后污水回灌来弥补地下水的不足，或补充作为饮用水原水。例如上海和其他一些沿海地区，由于工业的发展和人口的增加使地下水水位下降，从而导致咸水入侵。污水经过处理后另一种可能的用途是向地下回灌再生水后，阻止咸水入侵。污水经过处理后还可向地下油层注水。国外很多油田和石油公司已经进行了大量的注水研究工作，以提高石油的开采量。

3.4.4 污水处理技术

由于污水再生利用的目的不同，污水处理的工艺技术也不同。水处理技术按其机理可分为物理法、化学法、物理化学法和生物化学法等，污水再生利用技术通常需要多种工艺的合理组合，对污水进行深度处理，单一的某种水处理工艺很难达到回用水水质要求。

1. 物理方法

无论是生活污水还是工业废水都含有相同数量的漂浮物和悬浮物质，通过物理方法去除这些污染物的方法即为物理处理。常用的处理方法有以下几种。

① 筛滤截留法，主要是利用筛网、格栅、滤池与微滤机等技术来去除污水中的悬浮物。

② 重力分离法，主要有重力沉降和气浮分离方法。重力沉降主要是依靠重力分离悬浮物；气浮是依靠微气泡粘附上浮分离不易沉降的悬浮物，目前最常用的是压力溶气及射流气浮。

③ 离心分离法，不同质量的悬浮物在高速旋转的离心力场作用下依靠惯性被分离。主要使用的设备有离心机与旋流分离器等。

④ 高梯度磁分离法，利用高梯度、高强度磁场分离弱磁性颗粒。

⑤ 高压静电场分离法，主要是利用高压静电场改变物质的带电特性，使之成为晶体从水中分离；或利用高压静电场局部高能破坏微生物(如藻类)的酶系统，杀死微生物。

2. 化学方法

化学方法是采用化学反应处理污水的方法，主要有以下几种。

① 化学沉淀法，以化学方法析出并沉淀分离水中的物质。

② 中和法，用化学法去除水中的酸性或碱性物质，使其 pH 值达到中性附近。

③ 氧化还原法，利用溶解于废水中的有毒有害物质在氧化还原反应中能被氧化或还原的性质，将其转化为无毒无害的新物质。

④ 电解法，电解质溶液在电流的作用下，发生电化学反应的过程称为电解。利用电解的原理来处理废水中的有毒物质的方法称为电解法。

3. 物理化学法

① 离子交换法，以交换剂中的离子基团交换去除废水中的有害离子。

② 萃取法，以不溶水的有机溶剂分离水中相应的溶解性物质。

③ 气提与吹脱法，去除水中的挥发性物质，如低分子、低沸点的有机物。

④ 吸附处理法，以吸附剂(多为多孔性物质)吸附分离水中的物质，常用的吸附剂是活性炭。

⑤ 膜分离法，利用隔膜使溶剂(通常为水)与溶质或微粒分离。

4. 生物法

生物法包括活性污泥法、生物膜法、生物氧化塘、土地处理系统和厌氧生物处理法等。

3.5 建筑节材技术

在我国目前的工业生产中，原材料消耗一般占整个生产成本的70%～80%。建筑材料工业高能耗、高物耗、高污染，是对不可再生资源依存度非常高、对天然资源和能源资源消耗大、对大气污染严重的行业，是节能减排的重点行业。钢材、水泥和砖瓦砂石等建筑材料是建筑业的物质基础。节约建筑材料，降低建筑业的物耗、能耗，减少建筑业对环境的污染，是建设资源节约型社会与环境友好型社会的必然要求。因此，搞好原材料的节约对降低生产成本和提高企业经济效益有十分现实意义的工作。

3.5.1 建筑节材的技术途径

我国建筑业材料消耗数量惊人，这反过来也表明我国建筑节材的潜力巨大。《建设部关于发展节能省地型住宅和公共建筑的指导意见》(建科[2005] 78号)就十分乐观地提出了"到2010年，全国新建建筑对不可再生资源的总消耗比现在下降10%；到2020年，新建建筑对不可再生资源的总消耗2010年再下降20%"的目标。就目前可行的技术而言，建筑节材技术可以分为三个层面：建筑工程材料应用方面的节材技术、建筑设计方面的节材技术、建筑施工方面的节材技术。

1. 建筑工程材料应用方面

在建筑工程材料应用技术方面，建筑节材的技术途径是多方面的，例如尽量配制轻质高强结构材料，尽量提高建筑工程材料的耐久性和使用寿命，尽可能采用包括建筑垃圾在内的各种废弃物，尽可能采用可循环利用的建筑材料等。近期内较为可行的技术包括以下几种。

① 可取代黏土砖的新型保温节能墙体材料的工程应用技术，例如外墙外保温技术、保温模板一体化技术等。该类技术可以节约大量的黏土资源，同时可以降低墙体厚度，减少墙体材料消耗量。

② 散装水泥应用技术。城镇住宅建设工程限制使用包装水泥，广泛应用散装水泥；水泥制品如排水管、压力管、水泥电杆、建筑管桩、地铁与隧道用水泥构件等全部使用散装水泥。该类技术可以节约大量的木材资源和矿产资源，减少能源消耗量，同时可以降低粉尘及二氧化碳的排放量。

③ 采用商品混凝土和商品砂浆。例如商品混凝土集中搅拌，比现场搅拌可节约水泥10%，且可使砂、石材料的损失减少5%～7%。

④ 轻质高强建筑材料工程应用技术，例如高强轻质混凝土等。高强轻质材料不仅本身

消耗资源较少，而且有利于减轻结构自重，可以减小下部承重结构的尺寸，从而减少材料消耗。

⑤ 以耐久性为核心特征的高性能混凝土及其他高耐久性建筑材料的工程应用技术。采用高耐久性混凝土及其他高耐久性建筑材料可以延长建筑物的使用寿命，减少维修次数，所以在客观上避免了建筑物过早维修或拆除而造成的巨大浪费。

2. 建筑设计技术方面

① 设计时采用工厂生产的标准规格的预制成品或部件，以减少现场加工材料所造成的浪费。这样一来，势必逐步促进建筑业向工厂化产业化发展。

② 设计时遵循模数协调原则，以减少施工废料量。

③ 设计方案中尽量采用可再生原料生产的建筑材料或可循环再利的建筑材料，减少不可再生材料的使用率。

④ 设计方案中提高高强钢材使用率，以降低钢材消耗量。

⑤ 设计方案中要求使用高强混凝土，提高散装水泥使用率，以降低混凝土消耗量，从而降低水泥、砂石的消耗量。

⑥ 对建筑结构方案进行优化。例如某设计院在对50层的南京新华大厦进行结构设计时，采用结构设计优化方案可节约材料达20%。

⑦ 建筑设计尤其是高层建筑设计应优先采用轻质高强材料，以减小结构自重和材料用量。

⑧ 建筑的高度、体量、结构形态要适宜，过高、结构形态怪异，为保证结构安全性往往需要增加某些部位的构件尺寸，从而增加材料用量。

⑨ 采用有利于提高材料循环利用效率的新型结构体系，例如钢结构、轻钢结构体系以及木结构体系等。以钢结构为例，钢结构建筑在整个建筑中所占比重，发达国家达到50%以上，但在我国却不到5%，差距巨大。但从另一个角度看，差距也是动力和潜力。随着我国"住宅产业化"步伐的加快以及钢结构建筑技术的发展，钢结构建筑将逐渐走向成熟，钢结构建筑必将成为我国建筑的重要组成部分。另外，木材为可再生资源，属于真正的绿色建材，发达国家已经开始注重发展木结构建筑体系。例如在美国，新建住宅的89%均为木结构体系。

⑩ 设计方案应使建筑物的建筑功能具备灵活性、适应性和易维护性，以便使建筑物在结束其原设计用途之后稍加改造即可用作其他用途，或者使建筑物便于维护而尽可能延长使用寿命。与此类似，在城市改造过程中应统筹规划，不要过多地拆除尚可使用的建筑物，应该维修或改造后继续加以利用，尽量延长建筑物的服役期。

3. 建筑施工技术方面

① 采用建筑工业化的生产与施工方式。建筑工业化的好处之一就是节约材料，与传统现场施工相比可减少许多不必要的材料浪费，提高施工效率的同时也减少施工的粉尘和噪声污染。根据发达国家的经验，建筑工业化的一般节材率可达20%左右、节水率达60%以上。正常的工业化生产可减少工地现场废弃物30%，减少施工空气污染10%，减少建材使用量5%，对环境保护意义重大。

② 采用科学严谨的材料预算方案，尽量降低竣工后建筑材料剩余率。

③ 采用科学先进的施工组织和施工管理技术，使建筑垃圾产生量占建筑材料总用量的比例尽可能降低。

④ 加强工程物资与仓库管理，避免优材劣用、长材短用、大材小用等不合理现象。

⑤ 大力推行一次装修到位，减少耗材、耗能和环境污染。目前，提供毛坯房的做法已经满足不了市场的需求，也不适应社会化大生产发展趋势。住宅的二次装修不仅造成质量隐患、资源浪费、环境污染，而且也不利于住宅产业现代化的发展。提供成品住宅，实现住宅装修一次到位，将是建筑业的发展主流。

⑥ 尽量就地取材，减少建筑材料在运输过程中造成的损坏及浪费。我国社会经济可持续的科学发展面临着能源和资源短缺的危机，所以社会各行业必须始终坚持节约型的发展道路，共建资源节约型和环境友好型社会。建筑业作为能源和资源的消耗大户，更需要大力发展节约型建筑，我国建筑节材潜力巨大，技术可行，前景广阔。

3.5.2 建筑节材技术的发展趋势

1. 建筑结构体系节材

(1) 有利于材料循环利用的建筑结构体系

目前广泛采用的现浇钢筋混凝土结构在建筑物废弃之后将产生大量建筑垃圾，造成严重的环境负荷。钢结构在这方面有着突出的优势，材料部件可重复使用，废弃钢材可回收，资源化再生程度可达90%以上。有资料显示，在欧美发达国家，钢结构建筑数量占总建筑的比重达到30%～40%。我国2002年在建的建筑面积为19亿m^2，钢结构建筑仅为450万m^2，只占建筑总面积的0.5%，且多为商业和工业建筑。目前我国钢结构住宅的发展刚刚起步，应积极发展和完善钢结构及其围护结构体系的关键技术，发展钢结构建筑，提高钢结构建筑的比例，建立钢结构建筑部件制造产业，促进钢结构建筑的产业化发展。

除了钢结构以外，木结构以及装配式预制混凝土建筑都是有利于材料循环利用的建筑结构体系。随着城市建设中旧混凝土建筑物拆除量的增加和环境保护要求的提高，再生混凝土的生产及应用也将逐步成为建筑业节约材料、循环利用建筑材料的重要方式。

(2) 建筑结构监测及维护加固关键技术

建筑结构服役状态的监测及结构维护、加固改造关键技术对于延长建筑物寿命具有重要意义，因而对建筑节材也具有重要促进作用。这些技术主要包括：结构诊断评估技术、复合材料技术、加固施工技术，特别是碳纤维玻璃纤维粘贴加固材料与施工技术。

(3) 新型节材建筑体系和建筑部品

当代绿色节能生态建筑的发展将不断催生新型节材建筑体系和建筑部品。应针对我国目前建筑业发展的实际情况，加强自主创新，积极开发和推广新型的节材建筑体系和建筑部品，建立建筑节材新技术的研究开发体系和推广应用平台，加快新技术新材料的推广应用。

2. 节材技术

(1) 高强、高性能建筑材料技术

高强材料(主要包括高强钢筋、高强钢材、高强水泥、高强混凝土)的推广应用是建筑节材的重要技术途径,这需要建筑设计规范与有关技术政策的促进。

围护结构材料的高强轻质化不仅降低了围护结构本身的材料用量,而且可以降低承重结构的材料用量。高强度与轻质是一个相对的概念,高强轻质材料制备技术不仅体现在对材料本体的改型性,而且也体现在材料部品结构的轻质化设计。例如,水泥基胶凝材料的发气和引气技术,替代实心黏土砖的各种空心砖、砌块和板材的孔洞构造设计,以及其他复合轻质结构等。在围护结构中应用新型轻质高强墙体材料是建筑围护结构发展的趋势。

(2) 提高材料耐久性和建筑寿命的技术

材料耐久性的提高和建筑物寿命的显著提高可以产生更大的节约效益。采用先进的材料制备技术,将工业固体废物加工成混凝土性能调节材料和性能提高材料,制备绿色高性能混凝土及其建筑制品将成为广泛应用的材料技术。这种高性能建筑材料的制备和应用,利用了大量的工业废渣,原材料丰富且减少了环境污染。所以,诸如高耐久性高性能混凝土材料、钢筋高耐蚀技术、高耐候钢技术及高耐候性的防水材料、墙体材料、装饰装修材料等,将为提高建筑寿命提供支撑,成为我国建筑节材的战略技术途径之一。

(3) 有利于节材的建筑优化设计技术

优化设计包括结构体系优化、结构方案优化等。开展优化设计工作,需要制定鼓励发展和使用优化技术的政策文件和技术规范,指导工程设计人员建立各种结构形式的优选方案。通过对经济、技术、环境和资源的对比分析,提出优化设计报告方案,是节约资源、纠正不良设计倾向的重要环节。在设计技术的优化方面,应该在保证结构具有足够安全性和耐久性的基础上,充分兼顾结构体系及其配套技术对建筑物各生命阶段能源、资源消耗的影响及对环境的影响,充分遵循可持续发展的原则,力求节约,避免或减少不必要或华而不实的建筑功能设计和建筑选型。

(4) 可重复使用和资源化再生的材料生态化设计技术

循环经济理念将逐步成为建筑设计的指导原则,建筑材料制品的设计和结构构造将考虑建筑物废弃后建筑部件的可拆卸、可重复使用和可再生利用问题。此外,对建筑材料的选择和加工以及建筑部品的设计将尽量考虑废弃后的可再生性,尽量提高资源利用率。国家也将制定或完善鼓励建筑业使用各种废弃物的优惠政策,促进建筑垃圾的分类回收和资源化利用的规模化、产业化发展,降低再生建材产品的成本,促进推广应用。

(5) 建筑部品化及建筑工业化技术

集约化、规模化和工厂化生产及应用是实现建筑工业化的必由之路,建筑构配件的工厂化、标准化生产及应用技术更能体现发展节能省地型建筑要求的技术政策。从我国发展的实际情况来看,钢结构构件、建筑钢筋的工厂化生产及其现代化配送关键技术,高尺寸精度的预制水泥混凝土和水泥结构制品结构构件,墙板、砌块的生产及应用关键技术,以及装配式住宅产业化技术等可能先得到发展和突破。

3. 管理节材

(1) 工程项目管理技术

开发先进的工程项目管理软件，建立健全管理制度，提高项目管理水平，是减少材料浪费的重要和有效途径。先进的工程项目管理技术将有助于加强建筑工程原材料消耗核算管理，严格设计、施工生产等流程管理规范，最大限度地减少现场施工造成的材料浪费。

(2) 建筑节材相关标准规范

建筑节材相关标准规范是决定材料消耗定额的技术法规，提高相关标准规范的水平和开展制修订工作将有利于淘汰建筑业中高耗材的落后工艺、技术、产品和设备。政府将加强建筑节材相关标准规范的制修订工作，提高材料消耗定额管理水平，加大有关建筑节材技术标准规范制修订的投入，制定更加严格的建筑节材相关标准和评价指标体系，建立强制淘汰落后技术与产品的制度，制定鼓励以节材型产品代替传统高耗材产品的政策措施。同时，也将开展建筑节材示范工程建设，促进建筑节材工作。

3.5.3 循环再生材料和技术

1. 建筑废弃物的再生利用

据统计，工业固体废弃物中的40%是建筑业排出的，废气混凝土是建筑业排出量最大的废弃物。一些国家在建筑废弃物利用方面的研究和实践已卓有成效。1995年，日本全国建设废弃物约9900万t，实现资源再利用的约5800万t，利用率为58%，其中混凝土块的利用率为65%。废弃混凝土用于回填或路基材料是极其有限的，但作为再生集料用于制造混凝土、实现混凝土材料的循环利用是混凝土废弃物回收利用的发展方向。将废弃混凝土破碎作为再生集料既能解决天然集料资紧张的问题，利于集料产地环境保护，又能减少城市废弃物的堆放占地和环境污染问题，实现混凝土生产的物质循环闭路化，保证建筑业的长久可持续发展。因此，国外大部分大学和政府研究机关都将重点放在废弃混凝土作为再生集料技术上。很多国家都建立了以处理土废弃物为主的加工厂，生产再生水泥和再生骨料。日本1991年制定了《资源重新利用促进法》，规定建筑施工过程中产生的渣土、沥青混凝土块木材、金属等建筑垃圾，须送往“再资源化设备”进行处理。

我国城市的建筑废弃物日益增多，目前年排放量已愈6亿t，我国一些城建单位对建筑废弃物的回收利用做了有益的尝试，成功地将部分建筑垃圾用于细骨料、砌筑砂浆、内墙和顶棚抹灰、混凝土垫层等。一些研究单位也开展了用城市垃圾制取烧结砖和混凝土砌块技术，并且具备了推广应用的水平。虽然针对垃圾总量来看，利用率还很低，但毕竟有了较好的开端，为促进垃圾处理产业化、降低建材工业对自然资源的大量消耗积累了经验。

2. 危险性废料的再生利用

国外自20世纪70年代开始着手研究用可燃性废料作为替代燃料应用于水泥生产。大量的研究与实践表明，水泥回转窑是得天独厚处理危险废物的焚烧炉。水泥回转窑燃烧温度高，物料在窑内停留时间长，又处在负压状态下运行，工况稳定。对各种有毒性、易燃性、腐蚀性、反应性的危险废弃物具有很好的降解作用，不向外排放废渣，焚烧物中的残渣和绝大部分重金属都被固定在水泥熟料中，不会产生对环境的二次污染。同时，这种处置过程是与水泥生产过程同步进行的，处置成本低，因此被国外专家认为是一种合理的处置方式。

可燃性废弃物的种类主要有工业溶剂、废液（油）和动物骨粉等。目前世界上至少有100多家水泥厂已使用了可燃废弃物，如日本20家水泥企业约有一半处理各种废弃物；欧洲每年要焚烧处理100万t有害废弃物；瑞士Holcim公司可燃废弃物替代燃料已达80%，其他20%的燃料仍为二次利用燃料石油焦；美国大部分水泥厂利用可燃废弃料锻烧水泥，替代量达到25%～65%；法国Lafarge公司可燃废弃物替代率达到50%以上。欧盟在2000年公布了2000/76/EC指令，对欧盟国家在废弃物焚烧方面提出技术要求，其中专门列出了用于在水泥厂回转窑混烧废弃物的特殊条款，用以促进可燃性废料在水泥工业处置和利用的发展。

我国从20世纪90年代开始利用水泥窑处理危险废物的研究和实践，并已取得一定的成绩。我国北京水泥厂利用水泥窑焚烧处理固体废弃物也已取得一定的成果，2001年混烧了3000多t，2002年混烧6000多t。上海万安企业总公司（金山水泥厂）从1996年开始从事这项工作，利用水泥窑焚烧危险废弃物已取得“经营许可证”，先后已为20多家企业产生的各种危险废物进行了处理，燃烧产生的废气经上海市环境监测中心测试，完全达到国家标准，对产品无不良影响。

3. 工业废渣的综合利用

“九五”期间，我国工业“三废”综合利用产值达1247亿元，年均增长16.4%。在工业废渣产生量逐年增加的情况下，工业废渣综合利用率由1995年的43%提高到2000年的52%，年综合利用量达到3.55亿t。其中，煤矸石综合利用置由1995年的5600万t增加到2000年的6600万t，利用率由38%上升到43%；粉煤灰综合利用量由1995年的5188万t增加到2000年的7000万t，利用率由43%上升到58%。到2005年，工业“三废”综合利用将实现产值400亿元；工业废渣综合利用率将达到60%，其中，煤矸石综合利用率提高到60%，粉煤灰综合利用率提高到65%。我国固体废弃物综合利用率若提高一个百分点，每年就可减少约1000万t废弃物的排放。工业固体废渣主要用于制作建筑材料和原材料，如生产粉煤灰水泥、加气混凝土、蒸养混凝土砖、烧结粉煤灰砖、粉煤灰砌块。

4. 利用其他废料制造建筑材料

(1) 利用废塑料

在废塑料中加入作为填料的粉煤灰、石墨和碳酸钙，采用熔融法制瓦。产品的耐老化性、吸水性、抗冻性都符合要求抗折强度(14～19MPa)。用废塑料制建筑用瓦是消除“白色污染”的一种积极方法，以粉煤灰作瓦的填料可实现废物的充分利用。利用废聚苯乙烯经加热消泡后，可重新发泡制成隔热保温板材。将消泡后的聚苯乙烯泡沫塑料加入一定剂量的低沸点液体改性剂、发泡剂、催化剂、稳定剂等经加热使可发性聚苯乙烯珠粒预发泡，然后在模具中加热制得具有微细密闭气孔的硬质聚苯乙烯泡沫塑料板。该板可以单独使用，也可在成型时与陶粒混凝土形成层状复合材料，亦可成型后再用薄铝板包敷做成铝塑板。在北方采暖地区，该法所生产的聚苯乙烯泡沫塑料保温板具有广泛用途和良好的发展前景。

（2）利用生活垃圾

利用生活垃圾制造的烧结砖质轻强度可达到垃圾减量化处理的目的，减少污染，又可形成环保产业，提高效益。日本已成功开发利用下水道污泥焚烧灰生产陶瓷透水砖的技术。陶瓷透水砖的焚烧灰用量占总量的44%，作为骨料的废瓷砖用量占总用量的48.5%。该砖上层所用结合剂也是废釉，废弃物的用量达95%。该陶瓷透水砖内部形成许多微细连续气孔，强度较高，透水性能优良。日本还开发了利用下水道污泥焚烧灰为原料制造建筑红砖的技术。我国台湾地区在黏土砖中掺入质量不超过30%的淤泥，在900℃下烧制砖，不仅处理了污泥，还在烧制中将有毒重金属都封存在污泥中，也杀灭了所有有害细菌和有机物。

（3）利用废玻璃

废玻璃回收利用的途径主要包括制备玻璃混凝土、建筑墙体材料生产、建筑装饰材料生产和泡沫玻璃生产等4种。玻璃混凝土指在沥青或水泥混凝土中将废玻璃替代部分集料而成的混凝土。废玻璃替代部分集料不仅使废弃资源得到最大化利用，而且使工程造价大大降低，可节约费用20%～30%。废玻璃可替代粘土制备砖、砌块等建筑墙体材料，玻璃可作为助熔剂进而降低砖的烧结温度，增加砖的强度，提高砖的耐久性，同时可以减少化石能源的消耗。废玻璃可以制作玻璃马赛克等建筑装饰材料，废玻璃也可用于生产泡沫玻璃。泡沫玻璃是指玻璃体内充满无数气泡的一种玻璃材料，具有良好的隔热、吸声、难燃等特点。

（4）废旧轮胎的利用

截至2016年3月，世界汽车保有量约为11亿辆，每年因汽车报废产生的固体废弃物达上千万吨，其中废旧汽车轮胎是一类较难处理的有机固体废弃物。目前大量的利用是在建材方面，如废旧橡胶集料混凝土、废旧橡胶沥青混凝土等。

思　考　题

1. 建筑节能设计的主要内容？
2. 建筑平面布局对建筑节能设计有何影响？
3. 建筑外墙外保温技术有何优点？
4. 建筑外窗节能设计的主要内容？
5. 建筑节能屋面的主要类型及特点？
6. 什么是地源热泵技术？
7. 建筑节材的主要措施有哪些？

第4章

绿色施工概述

学习目标：掌握绿色施工的基本概念，熟悉绿色施工的主要内容，了解绿色施工的发展现状，了解建筑工程施工过程中的环境影响因素。

学习重点：绿色施工的概念及主要内容，与所学专业相关的绿色施工影响因素。

4.1 绿色施工概念和主要内容

4.1.1 绿色施工的概念

绿色施工是指：在保证质量、安全等基本要求的前提下，通过科学管理和技术进步，最大限度地节约资源，减少对环境负面影响，实现节能、节材、节水、节地和环境保护（四节一环保）的建筑工程施工活动。

与传统施工管理相比，绿色施工除注重工程的质量、进度、成本、安全等之外，更加强调减少施工活动对环境的负面影响，即施工过程中尽量节约能源资源和保护环境。工程施工活动的目的不单单是完成工程建设，而更加注重经济发展与环境保护的和谐、人与自然的和谐，充分体现了可持续发展的基本理念。因此，在进行施工活动的过程中，参与各方应始终将如何实现“四节一环保”作为施工组织和管理中的主线，从材料的选用、机械设备选取、施工工艺、施工现场管理等各个方面入手，在成本、工期等合理的浮动范围内，尽量采用更为节约、更为环保的施工方案。

从总体上来说，绿色施工是对国内当前倡导的文明施工、节约型工地等活动的继承与发展，在绿色施工的概念中管理和技术处于同等重要的地位。

4.1.2　绿色施工的主要内容

我国 2007 年 9 月出台的《绿色施工导则》中明确指出，绿色施工由施工管理、环境保护、节材与材料资源利用、节水与水资源利用、节能与能源利用、节地与施工用地保护等六个方面组成。各部分主要内容如下：

（1）施工管理，包括组织管理、规划管理、实施管理、评价管理、人员安全与健康管理。

（2）环境保护，包括噪声振动控制、光污染控制、扬尘控制、水污染控制、土壤保护、建筑垃圾控制、地下设施文物保护和资源保护。

（3）节材与材料资源利用，装饰装修材料、周转材料、围护材料、结构材料、节材措施。

（4）节水与水资源利用，提高用水效率、非传统水源利用、用水安全。

（5）节能与能源利用，节能措施、机械设备与机具、生产生活及办公临时设施、施工用电及照明。

（6）节地与施工用地保护，临时用地指标、临时用地保护、施工总平面布置。

4.2　绿色施工的发展现状

4.2.1　国外绿色施工发展

1993 年，Charles J. Kibert 教授提出了可持续施工的概念，并介绍了建筑工程施工过程在环境保护和节约资源方面的巨大潜力。1994 年，在美国召开了首届可持续施工国际会议，将可持续施工定义为："在有效利用资源和遵守生态原则的基础上，创造一个健康的施工环境，并进行维护。"1998 年，George Ofori 建议与建筑施工可持续性相关的所有主题都应该得到关注和重视，尤其要得到发展中国家的认可。随着可持续施工理念的日趋成熟，许多国家开始实施可持续施工、清洁生产、环保施工或绿色施工（称呼有所不同）。与此同时，一些发达国家率先制定了相关法律与政策，通过建筑协会、建筑研究所和一些有实力的公司共同协作，出版了《绿色建筑技术手册（设计・施工・运行）》《绿色建筑设计和建造参考指南》等书籍，它们具有较好的指导性和实践性，促进了绿色施工的发展和推广。

近些年来，由于环境问题的日益严重，多数学者呼吁加强建筑行业与学术界的密切合作，来促进绿色施工更快、更好地发展和普及。目前，在国外绿色施工的理念已经融入了建筑行业各个部门，并同时受到最高领导层和消费者的关注。2009 年 3 月，国际标准委员会首次发起为新建与现有商业建筑编写《国际绿色施工标准》(IGCC),IGCC 被当作一个绿色施工模版。2011 年,第三版 IGCC 由 29 名可持续建筑技术委员编写并修改。

4.2.2 国内绿色施工发展

我国绿色施工的研究和发展是从 2008 年北京奥运会场馆建设开始的,并通过这些场馆的建设和绿色施工管理积累了经验和教训,为我国绿色施工的发展奠定了基础。

2006 年,住建部颁布了《绿色建筑评价标准》(GB/T 50378—2006),标志着我国绿色建筑发展进入全新阶段。2007 年,住建部出台了《绿色建筑评价标识管理办法》和《绿色建筑评价技术细则》。2009 年开始,住建部组织专家开始编写并陆续出台了《绿色工业建筑评价标准》《绿色医院建筑评价标准》《绿色办公建筑评价标准》等各类绿色建筑评价标准,基本上建立起来了我国绿色建筑发展的评价体系。为与绿色建筑发展相适应,住建部于 2007 年出台了《绿色施工导则》和《全国建筑业绿色施工示范工程申报与验收指南》,导则中明确绿色施工和绿色建筑都采用“四节一环保”的指导思想,并明确指出我国将开始绿色施工示范工程的创建活动。2010 年,为进一步规范绿色施工评价工作,住建部和国家质量检验检疫总局联合颁布了《建筑工程绿色施工评价标准》(GB/T 50640—2010)。该标准对建筑工程绿色施工管理、绿色施工评价、绿色施工评价方法等做出了明确规定,尤其对“四节一环保”中的具体条款进行了细化,对绿色施工的开展和评价起到了至关重要的作用。2014 年,为进一步规范绿色施工行为,指导建筑企业开展绿色施工活动,住建部颁布了《建筑工程绿色施工规范》(GB/T 50905—2014)。至此,建筑工程绿色施工政策性文件体系基本形成。

为促进绿色施工的推广应用,我国于 2010 年、2011 年、2013 年分别开展了三个批次的绿色施工示范工程创建工作,并将绿色施工示范工程确立为“鲁班奖”的优选目标工程,对于促进绿色施工广泛开展起到了促进作用。除全国范围的评选外,国家各省市也组织了绿色施工工程的评选活动。这些绿色施工示范工程的开展起到了许多积极作用,主要表现在:

(1) 宣传推广了绿色施工的理念,形成了行业开展绿色施工的风气;

(2) 为绿色施工技术的应用提供了条件,对绿色施工技术进行了完善,许多建筑企业自主创新研发了绿色施工技术或工艺工法;

(3) 通过工程实践,总结了绿色施工组织管理过程中的经验教训,对于普遍性工程项目绿色施工形成了成套经验;

(4) 实践并完善了绿色施工评价标准和评价方法,促进了绿色施工科学、合理发展。

除政府行政主管部门开展的工作外,国内许多专家学者也针对绿色施工开展大量的研究和实践,其中以绿色施工评价方法和绿色施工技术为主要研究内容,对于绿色施工组织管理研究相对较少。2002 年,潘祥武等人在分析生态管理内涵和国外实践的基础上,将生态管理理念引入项目管理中,并分析了其对传统项目管理构成的挑战;竹隰生等人认为实施绿色施工应遵循减少场地干扰、尊重基地环境、施工结合气候、节约资源(能源)、减少环境污染、实施科学管理、保证施工质量等原则。2005 年,申琪玉等人指出进行绿色施工是建筑企业与国际市场接轨的保障,也是 ISO 14000 认证的具体实施,它不但可以节约资源和能源、降低成本，提高企业竞争能力，而且有利于可持续发展和环境保护。2008 年，竹隰生深入探讨了在推进绿色施工时的注意事项，他强调加强绿色施工意识的同时应该加强整个社会环保意识，绿色施工目标需要紧密联系企业/项目的各项目标，只有综合利用法规、标准、政策等多种手段以及各方的共同努力才能更好地促进绿色施工。2009 年，为实现绿色施工与环境效益、经济效益和社会效益可持续发展，王占军等人把绿色施工过程划分为原材料开采生产、材料运输、施工生产过程、施工废料回收等阶段，构建基于 LCA 的绿色施工管理模式。该模式由系统分析模块、集成化管理模块、各阶段的控制模块、实施模块以及管理优化模块构成。2010 年，为了寻求绿色施工的出路，社会各界人事各出其招。鲁荣利从组织管理、规划管理、实施管理、人员安全和健康管理、评价管理等方面探讨了绿色施工管理。王强认为住宅产业化才是实现绿色施工管理的有效途径。

4.3 建筑工程施工过程的环境影响因素识别

建筑工程施工是一项复杂的系统工程，施工过程中所投入的材料、制品、机械设备、施工工具等数量巨大，且施工过程受工程项目所在地区气候、环境、文化等外界因素影响，因此，施工过程对环境造成的负面影响呈现出多样化、复杂化的特点。为便于施工过程的绿色管理，以普遍性施工过程为分析对象，从建筑工程施工的分部分项工程出发，以绿色施工所提出的“四节一环保”为基本标准，通过对各分部分项工程的施工方法、施工工艺、施工机械设备、建筑材料等方面的分析，对施工中的“非绿色”因素进行识别，并提出改进和控制环境负面影响的针对性措施，以为施工组织与管理提供参考，为绿色施工标准化管理方法的制定提供依据。

4.3.1 地基与基础工程

地基与基础工程是单位工程的重要组成部分，对于一般性工程，地基与基础工程主要包括地基处理、基坑支护、土方工程、基础工程等几个部分。地基处理是天然地基的承载能力不满足要求或天然地基的压缩模量较小时，对地基进行处置的地基加固方法。土方工程一般包括土体的开挖、压实、回填等。基坑支护指在基坑开挖过程中采取的防止基坑边坡塌方的措施，一般有土钉支护、各类混凝土桩支护、钢板桩支护、喷锚支护等。基础工程指各类基础的施工，对于一般性(除逆作法)的基础工程主要包括桩基础和其他混凝土基础两大类，桩基础又可根据施工方法分为挖孔桩、钻孔桩、静压桩、沉管灌注桩等。根据地基与基础工程所含工程特点、施工方法、施工机具等不同，总结了一般性工程的地基与基础工程部分非绿色因素及其治理方法，为便于绿色施工组织与管理参考，将各工程对环境影响按照“四节一环保”的分类进行整理，地基处理与土方工程的环境影响识别及分析结果如表 4.1～表 4.5 所示，基坑支护工程的环境影响识别及分析结果如表 4.6～表 4.10 所示。

表 4.1　地基处理与土方工程(环境保护)

非绿色因素分析	绿色施工技术和管理措施
(1) 未对施工现场地下情况进行勘察，施工造成地下设施、文物、生态环境破坏； (2) 未对施工车辆及机械进行检验，机械尾气及噪声超限； (3) 现场发生扬尘； (4) 施工车辆造成现场污染； (5) 洒水降尘时用水过多导致污水污染或泥泞； (6) 爆破施工、硬(冻)土开挖、压实等噪声污染； (7) 作业时间安排不合理，噪声和强光对附近居民生活造成声光污染	(1) 对施工影响范围内的文物古木等制定施工预案； (2) 对施工车辆及机械进行尾气排放和噪声的专项审查，确保施工车辆和机械达到环保要求； (3) 施工现场进行洒水、配备遮盖设施，减少扬尘； (4) 施工现场出入口处设置使用冲洗设备，保证车辆不沾泥，不污损道路； (5) 降尘时少洒、勤洒，避免洒水过多导致污染；对施工车辆及其他机械进行定期检查、保养，以减少磨损、降低噪声，避免机器漏油等污染事故的发生； (6) 设置隔声布围挡、施工过程采取技术措施减少噪声污染； (7) 施工时避开夜间、中高考等敏感时间

表 4.2　地基处理与土方工程(节水与水资源利用)

非绿色因素分析	绿色施工技术和管理措施
(1) 未对现场进行降水施工组织方案设计； (2) 未对现场能再次利用的水进行回用而直接排放； (3) 未对现场产生的水进行处理而直接排放，达不到相关环保标准	(1) 施工前应做降水专项施工组织方案设计，并对作业人员进行专项交底，交代施工的非绿色因素并采取相应的绿色施工措施； (2) 降水产生的水优先考虑进行利用，如现场设置集水池、沉淀池设施，并设置在混凝土搅拌区、生活区、出入口区等用水较多的位置，产生的再生水可用于拌制混凝土、养护、绿化、车辆清洗、卫生间冲洗等； (3) 可再生利用的水体要经过净化处理(如沉淀、过滤等)并达到排放标准要求后方可排放，现场不能处理水应进行汇集并交具有相应资质的单位处理

表 4.3　地基处理与土方工程(节材与材料资源利用)

非绿色因素分析	绿色施工技术和管理措施
(1) 未对施工现场产生的渣土、建筑拆除废弃物进行利用； (2) 未对渣土、建筑垃圾等再生材料作为回填材料使用	(1) 土方回填宜优先考虑施工时产生的渣土、建筑拆除废弃物进行利用，如基础施工开挖产生的土体应作为基础完成后回填使用； (2) 对现场产生建筑拆除废弃物进行测试后能达到要求的土体应优先考虑进行利用，或者是进行处理后加以利用，如与原生材料按照一定比例混合后使用； (3) 对现场产生建筑拆除废弃物不能完全消化的情况下，应妥善将材料转运至专门场地存储备用，避免直接抛弃处理

表 4.4　地基处理与土方工程(节能与能源利用)

非绿色因素分析	绿色施工技术和管理措施
(1) 未能依据施工现场作业强度和作业条件及施工机具的功率和工况负荷情况而选用不恰当的施工机械； (2) 施工机械搭配不合理，施工现场规划不严密，进而造成机械长时间空载等现象； (3) 土方的开挖和回填施工计划不合理，造成大量土方二次搬运	(1) 施工前应对工程实际情况进行施工机械的选择和论证，依据施工现场作业强度和作业条件，考虑施工机具的功率和工况负荷情况，确定施工机械的种类、型号及数量，力求所选用施工机具都在经济能效内； (2) 制定合理紧凑的施工进度计划，提高施工效率；根据施工进度计划确定施工机械设备的进场时间、顺序，确保施工机械较高的使用效率； (3) 建立施工机械的高效节能作业制度； (4) 施工机械搭配选择合理，避免长时间的空载；施工现场应根据运距等因素，确定运输时间，结合机械设备功率确定挖土机搭配运土机数量，保证各种机械协调工作，运作流畅； (5) 规划土方开挖和土方回填的工程量和取弃地点，需回填使用部分的土体应尽量就近堆放，以减少运土工程量

表 4.5　地基处理与土方工程(节地与施工用地保护)

非绿色因素分析	绿色施工技术和管理措施
(1) 施工过程造成了对原有场地地形地貌的破坏，甚至对设施、文物的损毁； (2) 土方施工过程机械运行路线未能与后期施工路线、永久道路进行结合，造成道路重复建设； (3) 因土方堆场未做好土方转运后的场地利用计划； (4) 因土方开挖造成堆放和运输占用了大量土地	(1) 施工前应对施工影响范围内的地下设施、管道进行充分的调查，制定保护方案，并在施工过程中进行即时动态监测； (2) 对施工现场地下的文物当会同当地文物保护部门制定文物保护方案，采取保护性发掘或者采取临时保留以备将来开发； (3) 对土方施工过程机械运行路线、后期施工路线、永久道路宜优先进行结合共线，以避免重复建设和占用土地； (4) 做好场地开挖回填土体的周转利用计划，提高施工现场场地的利用率；在条件允许情况下，宜分段开挖、分段回填，以便回填后的场地作为后序开挖土体的堆场； (5) 回填土在施工现场采取就近堆放原则，以减少对土地的占用量

表 4.6 基坑支护工程(环境保护)

非绿色因素分析	绿色施工技术和管理措施
(1) 打桩过程产生噪声及振动; (2) 支撑体系拆除过程产生噪声及振动; (3) 支撑体系拆除过程产生扬尘; (4) 支撑体系安装、拆除时间未能避开居民休息时间; (5) 钢支撑体系安装、拆除产生噪声及光污染; (6) 基础施工(如打桩等)产生噪声及振动和现场污染; (7) 基础及维护结构施工过程产生泥浆污染施工现场; (8) 使用空压机作业进行泥浆置换产生空压机噪声; (9) 边坡防护措施不当造成现场污染; (10) 施工用乙炔、氧气、油料等材料保管和使用不当造成污染; (11) 施工过程废弃的土工布、木块等随意丢弃; (12) 施工现场焚烧土工布及水泥、钢构件包装等	(1) 优先采用静压桩,避免采用振动、锤击桩; (2) 支撑体系优先采用膨胀材料拆除,避免采用爆破法和风镐作业; (3) 支撑体系拆除时采取浇水、遮挡措施避免扬尘; (4) 施工时避开夜间、中高考等敏感时间; (5) 钢支撑体系安装、拆除过程采取围挡等措施,防止噪声和电弧光影响附近居民生活; (6) 打桩等大噪声施工阶段应及时向附近居民做出解释说明,及时处理投诉和抱怨; (7) 泥浆优先采用场外制备,现场应建立泥浆池、沉淀池,对泥浆集中收集和处理; (8) 应用空压机泵送泥浆进行作业,空压机应封闭,防止噪声过大; (9) 边坡防护应采用低噪声、低能耗的混凝土喷射机以及环保性能好的薄膜作为覆盖物; (10) 施工时配备的乙炔、氧气、油料等材料在指定地点存放和保管,并采取防火、防爆、防热措施; (11) 施工过程废弃的土工布、木块等及时清理收集,交给相应部门处理,严禁现场焚烧

表 4.7 基坑支护工程(节水与水资源利用)

非绿色因素分析	绿色施工技术和管理措施
(1) 制备泥浆时未对降水产生的水体进行再利用而直接排放; (2) 未对现场产生的水进行处理而直接排放,达不到相关环保标准	(1) 制备泥浆时,优先采用降水过程中的水体,如现场设置集水池、沉淀池设施,并设置在混凝土搅拌区、生活区、出入口区等用水较多的位置,产生的再生水可用于拌制混凝土、养护、绿化、车辆清洗、卫生间冲洗等; (2) 再生利用的水体要经过净化处理(如沉淀、过滤等)并达到排放标准要求后方可排放,现场不能处理的水应进行汇集并交具有相应资质的单位处理

表 4.8　基坑支护工程(节材与材料资源利用)

非绿色因素分析	绿色施工技术和管理措施
(1) 未对可以利用的泥浆通过沉淀过滤等简单处理进行再利用； (2) 钢支撑结构现场加工； (3) 大体量钢支撑体系未采用预应力结构； (4) 施工时专门为格构柱设置基础； (5) 混凝土支撑体系选用低强度大体积混凝土； (6) 混凝土支撑体系拆除后作为建筑垃圾抛弃； (7) 钢板桩或钢管桩在使用前后未进行修整、涂油保养等； (8) 未对 SMW 工法进行支护施工的型钢进行回收	(1) 对泥浆要求不高的施工项目,将使用过的泥浆进行沉淀过滤等简单处理进行再利用； (2) 钢支撑结构宜在工厂预制后现场拼装； (3) 为减少材料用量,大体量钢支撑体系宜采用预应力结构； (4) 为避免再次设置基础,格构柱基础宜利用工程桩； (5) 混凝土支撑体系宜采用早强、高强混凝土； (6) 混凝土支撑体系在拆除后可粉碎,作为回填材料再利用； (7) 钢板桩或钢管桩在使用前后分别进行修整、涂油保养,提高材料的使用次数； (8) SMW 工法进行支护施工时,在型钢插入前对其表面涂隔离剂,以利于施工后拔出型钢进行再利用

表 4.9　基坑支护工程(节能与能源利用)

非绿色因素分析	绿色施工技术和管理措施
(1) 施工机械作业不连续； (2) 由于人、机数量不匹配、施工作业面受限等问题导致施工机械长时间空载运行； (3) 施工机械的负荷、工况与现场情况不符	(1) 施工机械搭配选择合理,避免长时间的空载,如打桩机械到位前要求钢板桩、吊车提前或同时到场； (2) 施工机械合理匹配,人员到位,分部施工,防止不必要的误工和窝工； (3) 钻机、静压桩机等施工机械合理选用,确保现场工作强度、工况、构件尺寸等在相应的施工机械负荷和工况内

表 4.10　基坑支护工程(节地与施工用地保护)

非绿色因素分析	绿色施工技术和管理措施
(1) 泥浆浸入土壤造成土体的性能下降或破坏； (2) 未能合理布置机械进场顺序和运行路线,造成施工现场道路重复建设； (3) 施工材料及机具远离塔吊作业范围,造成二次搬运； (4) 未对施工材料按照进出场先后顺序和使用时间堆放,场地不能周转利用	(1) 对一定深度范围内的土壤进行勘探和鉴别,做好施工现场土壤保护、利用和改良； (2) 合理布置施工机械进场顺序和运行路线,避免施工现场道路重复建设； (3) 施工材料及机具靠近塔吊作业范围,且靠近施工道路,以减少二次搬运； (4) 钢支撑、混凝土支撑制作加工材料按照施工进度计划分批安排进场,便于施工场地周转利用

4.3.2 结构工程

结构工程即指建筑主体结构部分，对于一般性建筑工程，主体结构工程主要包括：钢筋混凝土工程、钢结构工程、砌筑工程、脚手架工程等。主体结构工程是建筑工程施工中最重要的分部工程。在我国现行的绿色施工评价体系中，主体结构工程所占的评分权重是最高的。

(1) 钢筋混凝土工程

钢筋混凝土工程是建筑工程中最为普遍的施工分项工程。一般情况下，钢筋混凝土工程主要包括模板工程、钢筋工程、混凝土工程等。按照中钢筋的作用钢筋混凝土工程又可分为普通钢筋混凝土工程和预应力钢筋混凝土工程。钢筋混凝土工程的环境影响因素识别和分析按照上述分类进行。模板工程的环境影响因素识别和分析如表 4.11～表 4.15 所示；钢筋工程的环境影响因素识别和分析如表 4.16～表 4.19 所示；混凝土工程的环境影响因素识别和分析如表 4.20～表 4.24 所示。

表 4.11 模板工程(环境保护)

非绿色因素分析	绿色施工技术和管理措施
(1) 现场模板加工产生噪声； (2) 模板支设、拆除产生噪声； (3) 异型结构模板未采用专用模板，环境影响大； (4) 木模板浸润造成水体及土壤污染； (5) 涂刷隔离剂时候洒漏，污染附近水体以及土壤； (6) 模板施工造成光污染； (7) 模板内部清理不当造成扬尘及污水； (8) 脱模剂、油漆等保管不当造成污染及火灾	(1) 优先采用工厂化模板，避免现场加工模板；采用木模板施工时，对电锯、刨床等进行围挡，在封闭空间内施工； (2) 模板支设、拆除规范操作，施工时避开夜间、中高考等敏感时间； (3) 异型结构施工时优先采用成品模板； (4) 木模板浸润在硬化场地进行，污水进行集中收集和处理； (5) 脱模剂涂刷在堆放点地面硬化区域集中进行； (6) 夜间施工采用定向集中照明在施工区域，并注意减少噪声； (7) 清理模板内部时，尽量采用吸尘器，不应采用吹风或水冲方式； (8) 模板工程所使用的脱模剂、油漆等放置在隔离、通风、应远离人群处，且有明显禁火标志，并设置消防器材

表 4.12　模板工程(节材与材料资源利用)

非绿色因素分析	绿色施工技术和管理措施
(1) 模板类型多,周转次数少; (2) 模板随用随配,缺乏总使用量和周转使用计划; (3) 模板保存不当,造成损耗; (4) 模板加工下料产生边角料多,材料利用率低; (5) 因施工不当造成火灾事故; (6) 拆模后随意丢弃模板到地面,造成模板损坏,未做可重复利用处理; (7) 模板使用前后未进行检验维护,导致使用状况差,可周转次数低	(1) 优先选择组合钢模板、大模板等周转次数多的模板类型,模板选型应优先考虑模数、通用性、可周转性; (2) 依据施工方案,结合施工区段、施工工期、流水段等明确需要配置模板的层数和数量; (3) 模板堆放场地应硬化、平整、无积水,配备防雨、防雪材料,模板堆放下部设置垫木; (4) 进行下料方案专项设计和优化后进行模板加工下料,充分再利用边角料; (5) 模板堆放场地及周边不得进行明火切割、焊接作业,并配备可靠的消防用具,以防火灾发生; (6) 拆模后严禁抛掷模板,防止碰撞损坏,并及时进行清理和维护使用后的模板,延长模板的周转次数,减少损耗; (7) 设立模板扣件等日常保管定期维护制度,提高模板周转次数

表 4.13　模板工程(节水与水资源利用)

非绿色因素分析	绿色施工技术和管理措施
(1) 在水资源缺乏地区选用木模板进行施工; (2) 木模板润湿用水过多造成浪费; (3) 木模板浇水后未及时使用,造成重复浇水	(1) 在缺水地区施工,优先采用木模板以外的模板类型,减少对水的消耗; (2) 木模板浸润用水强度合理,防止用水过多造成浪费; (3) 对模板使用进行周密规划,防止重复浸润

表 4.14　模板工程(节能与能源利用)

非绿色因素分析	绿色施工技术和管理措施
(1) 模板加工人、机、料搭配不合理,造成设备长时间空载; (2) 模板堆放位置不舍理,造成现场二次搬运; (3) 模板运输过程中机械利用效率低	(1) 合理组织人、机、料搭配,避免机器空载; (2) 合理选择模板堆放位置,避免二次搬运; (3) 模板运输应相对集中,避免塔吊长时间空载

表 4.15　模板工程(节地与施工用地保护)

非绿色因素分析	绿色施工技术和管理措施
(1) 现场加工模板,机械和原料占用场地; (2) 施工组织不合理,材料在现场闲置时间长,占用场地; (3) 现场模板堆放凌乱无序,场地利用率低	(1) 优先采用成品模板,避免现场加工占用场地; (2) 合理安排模板分批进场,利于场地周转使用; (3) 模板进场后分批、按型号、规格、挂牌标识归类,堆放有序,提高场地利用率

表 4.16 钢筋工程(环境保护)

非绿色因素分析	绿色施工技术和管理措施
(1) 钢筋采用现场加工; (2) 钢材装卸过程产生噪声污染; (3) 钢筋除锈造成粉尘及噪声污染; (4) 钢筋焊接、机械连接过程中造成光污染和空气污染; (5) 夜间施工造成光污染及噪声污染; (6) 钢筋套丝加工用润滑液污染现场; (7) 植筋作业因钻孔、清孔、剔凿造成粉尘污染; (8) 对已浇筑混凝土剔凿,造成粉尘或水污染; (9) 钢筋焊接切割产生熔渣、焊条头造成环境污染	(1) 钢筋采用工厂加工,集中配送,现场安装; (2) 钢筋装卸避免野蛮作业,尽量采用吊车装卸,以减少噪声; (3) 现场除锈优先采用调直机,避免采用抛丸机等引起粉尘、噪声的机械; (4) 钢筋焊接、机械连接应集中进行,采取遮光、降噪措施,在封闭空间内施工; (5) 施工时避开夜间、中高考等敏感时间; (6) 套丝机加工过程在其下部设接油盘,润滑液经过滤可再次利用; (7) 钢筋植筋时,在封闭空间内施工,采用围挡等覆盖,润湿需钻孔的混凝土表面,减小噪声;采用工业吸尘器对植筋孔进行清渣; (8) 柱、墙混凝土施工缝浮浆剔除时,洒水湿润以防止扬尘;避免洒水过多,以防污水及泥泞; (9) 焊接、切割产生的钢渣、焊条头收集处理,避免污染

表 4.17 钢筋工程(节能与能源利用)

非绿色因素分析	绿色施工技术和管理措施
(1) 钢筋加工人、机、料搭配不合理,造成设备长时间空载; (2) 未采用机械连接经济施工方法	(1) 合理组织规划人、机、料搭配,提高机械的使用效率,避免机器空载; (2) 在经济合理范围内,优先采用机械连接

表 4.18 钢筋工程(节材与材料资源利用)

非绿色因素分析	绿色施工技术和管理措施
(1) 钢筋堆放保管不利造成损耗; (2) 设计未采用高强度钢筋; (3) 未结合钢筋长度、下料长度进行钢筋下料优化; (4) 加工地点分散,边角料的收集和再利用不到位; (5) 施工放样不准确造成返工浪费; (6) 钢筋因堆放杂乱造成误用; (7) 绑扎用铁丝以及垫块损耗量大; (8) 钢筋焊接不合理,造成坠流; (9) 植筋时钻孔过深	(1) 钢筋堆放场地应硬化、平整、设置排水设施,配备防雨雪设施;钢筋堆放采取支垫措施,以减少锈蚀等损耗; (2) 优先采用高强度钢筋,在允许条件下,以高强钢筋代替低强度钢筋; (3) 施工放样准确,并进行校核,避免返工浪费; (4) 编制钢筋配料单,根据配料单进行下料优化,最大限度减少短头及余料产生; (5) 钢筋加工集中在一定区域内且场地应平整硬化,设立不同规格钢筋的再利用标准,设置剩料收容器,分类收集; (6) 成品钢筋严格按分先后、分流水段、分构件名称的原则分类挂牌堆放,标明钢筋规格尺寸和使用部位,避免产生误用现象; (7) 绑扎用钢筋和垫块设置前对工人进行技术交底,施工时应防止垫块破坏或已完成部分变形; (8) 钢筋焊接作业,防止接头部位过烧造成坠流; (9) 施工前在钻杆上按设计钻孔深度做出标记,防止钻孔过度

表 4.19　钢筋工程(节地与施工用地保护)

非绿色因素分析	绿色施工技术和管理措施
(1) 现场加工钢筋,占用场地; (2) 材料进场计划不严密,部分材料长时间闲置,占用场地; (3) 现场堆放散乱,场地利用效率低	(1) 钢筋加工采用工厂化方式,现场作为临时周转拼装场地,减少用地; (2) 做好钢筋进场和使用规划,保证存放场地周转使用,提高场地利用率; (3) 半成品、成品钢筋应合理有序堆放以提高场地利用效率

表 4.20　混凝土工程(环境保护)

非绿色因素分析	绿色施工技术和管理措施
(1) 混凝土现场制备,造成粉尘、泥泞等污染; (2) 运输车辆、施工机械尾气排放和噪声污染; (3) 夜间施工造成污染; (4) 运输混凝土及制备材料洒漏; (5) 材料存放造成扬尘; (6) 现场制备和养护过程产生污水; (7) 必须进行连续浇筑施工时,未办理相关手续,造成与附近居民纠纷; (8) 采用喷涂薄膜进行养护,涂料对施工现场及附近环境造成污染; (9) 现场破损、废弃的草栅等随意丢弃,污染环境; (10) 冬期施工时,采用燃烧加热方式,造成空气污染和安全隐患	(1) 优先采用预制商品混凝土; (2) 对施工车辆及机械进行尾气排放和噪声专项审查,确保施工车辆和机械达到环保要求; (3) 施工时避开夜间、中高考等敏感时间; (4) 运输散体材料时,车辆应覆盖,车辆出场前进行检查、清洗,确保不造成洒漏; (5) 现场砂石等采用封闭存放,配备相应的覆盖设施,如防雨布、草栅等; (6) 混凝土的制备、养护等施工过程产生的污水,需通过集水沟汇集到沉淀池和储水池,经检测达到排放标准后进行排放或再利用; (7) 在混凝土连续施工作业时,需提前办理相关手续,并向现场附近居民进行解释,以此减少与附近居民不必要的纠纷,并通过压缩夜间作业时间和降低夜间作业强度等方式减弱噪声,现场应采用定向照明,避免产生光污染; (8) 混凝土养护采用喷涂薄膜时,需对喷涂材料的化学成分和环境影响进行评估,达到环境影响在可控范围内方可采用; (9) 废弃的试块、破损的草栅等,需进行集中收集后,由相应职能部门处理,严禁随意丢弃或现场焚烧; (10) 冬期施工时,优先采用蓄热法施工;当采用加热法施工时,优先采用电加热,避免采用燃烧方式,防止造成空气污染

表 4.21　混凝土工程(节水与水资源利用)

非绿色因素分析	绿色施工技术和管理措施
(1) 使用远距离的采水点; (2) 混凝土采用现场加工; (3) 现场输水管道渗漏; (4) 现场混凝土制备用水无计量设备; (5) 现场存在施工降水等可利用水体,采用自来水作为制备用水; (6) 混凝土有抗渗要求时,未使用减水剂; (7) 现场养护采用直接浇水方式	(1) 施工就近取用采水点,避免长距离输水; (2) 优先采用预制商品混凝土; (3) 输水线路定期维护,避免渗漏; (4) 设置阀门和水表,计量用水量,避免浪费; (5) 优先使用施工降水等可利用水体; (6) 在水资源缺乏地区使用减水剂等节水措施,混凝土有抗渗要求时,首选减水添加剂; (7) 养护时采用覆盖草栅养护、涂料覆膜养护,对于立面墙体宜采用覆膜养护、喷雾器洒水养护、养护液养护等,养护用水优先采用沉淀池的可利用水

表 4.22　混凝土工程(节材与材料资源利用)

非绿色因素分析	绿色施工技术和管理措施
(1) 混凝土进场后未能及时浇筑或浇筑后有剩余,造成凝固浪费; (2) 未采用较经济的再生骨料; (3) 砂石材料存放过程中造成污染; (4) 水泥存放不当,造成凝固变质; (5) 混凝土材料洒漏且未及时进行收集; (6) 水泥袋未进行收集和再利用; (7) 当浇筑大体积混凝土时,采用手推车等损耗率高的施工方式; (8) 恶劣天气下施工材料保护不当造成浪费; (9) 混凝土用量估算不准确,大量余料未被使用; (10) 泵送施工后的管道清洗用海绵球未进行回收利用	(1) 做好混凝土材料订购计划、进场时间计划、使用量计划,保证混凝土得到充分使用; (2) 混凝土制备优先采用废弃的合格混凝土等再生骨料进行; (3) 防止与其他材料混杂造成浪费,设立专门场所进行砂石材料堆放保存; (4) 水泥材料采取防潮、封闭库存措施,受潮的水泥材料可降级使用或作为临时设施材料使用; (5) 对洒漏的混凝土采取收集和再利用措施,保证混凝土的回收利用; (6) 注意保护袋装水泥袋子的完整性,及时对水泥袋进行收集,为装扣件、锯末等使用; (7) 优先采用泵送运输,提高输送效率,减少洒漏损耗;当必须采用手推车运输时,装料量应低于最大容量 1/4,以防洒漏; (8) 遇大风、降雨等天气施工时,及时采取措施,准备塑料布以备覆盖使用,防止材料被冲走及变质; (9) 现场应预留多余混凝土的临时浇筑点,用于混凝土余料临时浇筑施工; (10) 泵送结束后,对管道进行清洗,清洗用的海绵球重复利用

表 4.23　混凝土工程(节能与能源利用)

非绿色因素分析	绿色施工技术和管理措施
(1) 远距离采购施工材料; (2) 混凝土在现场进行二次搬运; (3) 施工工况、施工机械搭配不合理导致施工不连续,机械空载运行; (4) 人工振捣不经济的情况下,未采用自密实性混凝土; (5) 在大规模混凝土运输过程中,采用手推车等高损耗低效设备; (6) 浇筑大体积混凝土时,采用手推车等损耗率高的施工机械; (7) 冬期施工,采用设置加热设备、搭设暖棚等高能耗施工工艺	(1) 在满足施工要求的前提下,优先近距离采购建筑材料; (2) 混凝土现场制备点应靠近施工道路,采用泵送施工时,可从加工点一次泵送至浇筑点; (3) 根据浇筑强度、浇筑距离、运输车数量、搅拌站到施工现场距离、路况、载重量等选择施工机具,以保证施工连续,避免机械空载运行现象; (4) 对混凝土振捣能源消耗量大、经济性差的施工项目,如对平整度要求高的飞机场建设,优先采用自密实混凝土; (5) 当长距离运输混凝土时,可将混凝土干料装入桶内,在运输途中加水搅拌,以减少由于长途运输引起的混凝土坍落度损失,且减少能源消耗; (6) 大体积大规模混凝土施工中,优先采用泵送混凝土施工,提高输送效率,减少洒漏损耗; (7) 冬期施工,优先采用添加抗冻剂、减水剂、早强剂,保证混凝土的浇筑质量,如采用加热蓄热施工,将加热的部位进行封闭保温,减少热量损失

表 4.24　混凝土工程(节地与施工用地保护)

非绿色因素分析	绿色施工技术和管理措施
(1) 混凝土采用现场制备； (2) 未设置专门的材料堆放设施，造成土地利用率低； (3) 因施工失误造成非规划区域土地硬化； (4) 材料因周转次数多，场地设置不合理，占用大量用地； (5) 使用固定式泵送设备造成大量场地被占用； (6) 混凝土制备地点、浇筑地点未在塔吊的覆盖范围内	(1) 优先选用预制商品混凝土； (2) 现场散装材料设立专门的堆放维护设施，以提高场地的利用率； (3) 做好凝结材料运输防洒漏控制，防止非规划硬化区域受到污染硬化； (4) 做好材料进场规划、施工机具使用规划、土地使用时间、土地使用地点规划、材料存放位置规划，力求提高场地利用率； (5) 优先选用移动式泵送设备，避免使用固定式泵送设备，减少场地占用量； (6) 尽量使塔吊工作范围覆盖整个浇筑地点和混凝土制备地点，避免因材料搬运造成施工场地拥挤

(2) 钢结构工程

钢结构工程施工过程的环境影响因素识别和分析结果如表 4.25～表 4.28 所示。

表 4.25　钢结构工程(环境保护)

非绿色因素分析	绿色施工技术和管理措施
(1) 构件采用现场加工； (2) 构件装卸过程产生噪声污染； (3) 构件除锈造成粉尘及噪声污染； (4) 构件焊接、机械连接过程中造成光污染和空气污染； (5) 构件夜间施工造成光污染及噪声污染； (6) 探伤仪等辐射机械使用保管不当，对人员造成伤害	(1) 构件采用工厂加工，集中配送，现场安装； (2) 构件装卸避免野蛮作业，尽量采用吊车装卸，以减少噪声； (3) 现场除锈优先采用调直机，避免采用抛丸机等引起粉尘、噪声的机械； (4) 构件焊接、机械连接应集中进行，采取遮光、降噪措施，在封闭空间内施工； (5) 构件施工时避开夜间、中高考等敏感时间； (6) 对探伤仪等辐射机械建立严格的使用和保管制度，避免辐射对人员造成伤害

表 4.26　钢结构工程(节材与材料资源利用)

非绿色因素分析	绿色施工技术和管理措施
(1) 下料不合理，材料的利用率低； (2) 钢结构材料及构件由于保管不当造成锈蚀、变形等； (3) 边角料及余料未得到有效利用； (4) 施工过程焊条损耗大，利用率低； (5) 构件现场拼装时误差过大； (6) 构件在加工及矫正过程中造成损伤； (7) 外界环境、施工不规范因素造成涂装、防锈作业质量达不到要求； (8) 力矩螺栓在紧固后断下的卡头部分未得到有效收集和处理	(1) 编制配料单，根据配料单进行下料优化，最大限度减少余料产生； (2) 材料及构件堆放优先使用库房或工棚，堆放地面进行硬化，做好支垫，避免造成腐蚀、变形； (3) 设立相应的再利用制度，如规定最小规格，对短料进行分类收集和处理； (4) 设立焊条领取和使用制度，规定废弃的焊条头长度，提高焊条利用率； (5) 构件在工厂进行预拼装，防止运抵现场后再发现质量问题，避免运回工厂返修； (6) 钢结构构件优先采用工厂预制、现场拼装方式；设立构件加工奖惩制度，减少构件损耗率，加热矫正后不能立即进行水冷，以防造成损伤； (7) 涂装作业严格遵照施工对温度、湿度的要求进行

表 4.27 钢结构工程(节能与能源利用)

非绿色因素分析	绿色施工技术和管理措施
(1) 未就近采购材料和机具设备; (2) 现场施工机械,经济运行负荷与现场施工强度不符; (3) 人、机、料搭配不合理,导致施工机械空载; (4) 焊条烘焙时操作不规范,导致重复烘焙现象; (5) 使用电弧切割及气割作业; (6) 构件采用加热纠正	(1) 近距离材料和机具设备可以满足施工要求条件下,应优先采购; (2) 选择功率合理的施工机械,如根据施工方法、材料类型、施工强度等确定焊机种类及功率; (3) 施工计划周密,人、机、料及时到场,避免造成机械长时间空载; (4) 焊条烘焙应符合规定温度和时间,开关烘箱动作应迅速,避免热量流失; (5) 在施工条件允许情况下,优先采用机械切割方式进行作业; (6) 构件纠正优先采用机械方式,构件纠正避免采用加热矫正

表 4.28 钢结构工程(节地与施工用地保护)

非绿色因素分析	绿色施工技术和管理措施
(1) 钢结构构件采用现场加工; (2) 材料、构件一次入场,占地多,部分材料或构件长时间闲置; (3) 构件吊装时底部拖地,造成地面破坏; (4) 喷涂造成地形地貌污染	(1) 钢结构构件采用工厂预制,现场拼装生产方式; (2) 依据施工顺序,构件分批进场,利于场地周转使用,提高土地利用率; (3) 钢结构吊装时,尽量做到根部不拖地,防止构件损伤和地面破坏; (4) 喷涂采用集中、隔离、封闭施工,对可能污染区域进行覆盖,防止污染施工现场

(3) 砌筑工程

砌筑工程施工的环境影响因素识别和分析结果如表 4.29 和表 4.30 所示。

表 4.29 砌筑工程(环境保护)

非绿色因素分析	绿色施工技术和管理措施
(1) 砂浆采用现场制备,造成扬尘污染; (2) 材料运输过程造成材料洒漏及路面污染; (3) 现场砂浆及石灰膏保管不当造成污染; (4) 施工用毛石、料石等材料放射性超标; (5) 灰浆槽使用后未及时清理干净,后期清理产生扬尘; (6) 冬期施工时采用原材料蓄热等施工方法	(1) 优先选用预制商品砂浆,采用现场制备时,水泥采用封闭存放,砂子、石子进入现场后堆放在三面围成的材料池内,现场储备防雨雪、大风的覆盖设施; (2) 运输车辆采取防遗洒措施,车辆进行车身及轮胎冲洗,避免造成材料洒漏及路面污染; (3) 石灰膏优先采用成品,运输及存储尽量采用封闭,覆盖措施以防止洒漏扬尘; (4) 对毛石、料石进行放射性检测,确保进场石材符合环保和放射性要求; (5) 灰浆槽使用完后及时清理干净,以防后期清理产生扬尘; (6) 冬期施工,应优先采用外加剂方法,避免采用外部加热等施工方法

表 4.30　砌筑工程(节水与水资源利用)

非绿色因素分析	绿色施工技术和管理措施
(1) 施工用砂浆随用随制,零散进行,缺乏规划; (2) 现场砌块的洒水浸润作业与施工作业不协调,造成重复洒水; (3) 输水管道渗漏; (4) 在现场有再生水源情况下,未进行利用	(1) 砂浆优先选用预制商品砂浆; (2) 依据使用时间,按时洒水浸润,严禁大水漫灌,并避免重复作业; (3) 输水管线采用节水型阀门,定期检验维修输水管线,保证其状态良好; (4) 制备砂浆用水、砌体浸润用水、基层清理用水,优先采用再生水、雨水、河水和施工降水等

(4) 脚手架工程

脚手架工程施工的环境影响因素识别和分析结果如表 4.31～表 4.35 所示。

表 4.31　脚手架工程(环境保护)

非绿色因素分析	绿色施工技术和管理措施
(1) 脚手架装卸、搭设、拆除过程产生噪声污染; (2) 脚手架因清扫造成扬尘; (3) 维护用油漆、稀料等材料保管不当造成污染; (4) 对损坏的脚手网管理无序,影响现场环境	(1) 脚手架采用吊装机械进行装卸,避免单个构件人工搬运;脚手架装卸、搭设、拆除过程严禁随意摔打和敲击; (2) 不得从架子上直接抛掷或清扫物品,应将垃圾清扫装袋运下; (3) 脚手架维护用的油漆、稀料应在仓库内存放,确保空气流通,防火设施完备,派专人看管; (4) 及时修补损坏的脚手网,并对损耗的材料及时收集和处理

表 4.32　脚手架工程(节水与水资源利用)

非绿色因素分析	绿色施工技术和管理措施
采用自来水清洗脚手网	优先采用再生水源清洗脚手网,如施工降水、经沉淀处理的洗车水等

表 4.33　脚手架工程(节材与材料资源利用)

非绿色因素分析	绿色施工技术和管理措施
(1) 落地式脚手架应用在高层施工,造成材料用量大,周转利用率低; (2) 施工用脚手架用料缺乏设计,存在长管截短使用现象; (3) 施工用脚手架未涂防锈漆; (4) 施工用脚手架未做好保养工作,破损和生锈现象严重; (5) 损坏的脚手架未进行分类处理,直接报废处理	(1) 高层结构施工,采用悬挑脚手架,提高材料周转利用率; (2) 搭设前脚手架合理配置,长短搭配,避免将长管截短使用; (3) 钢管脚手架应除锈,刷防锈漆; (4) 及时维修、清理拆下后的脚手架,及时补喷、涂刷,保持脚手架的较好状态; (5) 设立脚手架再利用制度,如规定长度大于 50cm 的进行再利用

表 4.34　脚手架工程(节能与能源利用)

非绿色因素分析	绿色施工技术和管理措施
脚手架随用随运,运输设备利用效率低	分批集中进行脚手架运输,提高塔吊的利用率

表 4.35　脚手架工程(节地与施工用地保护)

非绿色因素分析	绿色施工技术和管理措施
(1) 脚手架一次运至施工现场,占用场地多; (2) 脚手架堆放无序,场地利用率低; (3) 堆放场地闲置,未进行利用	(1) 结合施工组织计划脚手架分批进场,提高场地利用率; (2) 脚手架堆放有序,提高场地的利用效率; (3) 做好场地周转利用规划,如脚手架施工结束后可用于装饰工程材料堆场或者基础工程材料堆场

4.3.3 装饰装修与机电安装工程

装饰装修工程主要包括地面工程、墙面抹灰工程、墙体饰面工程、幕墙工程、吊顶工程等;机电安装工程主要包括电梯工程、智能设备安装、给排水工程、供热空调工程、建筑电气、通风工程等。装饰装修与机电安装工程中与前述结构工程重复部分不再赘述,这里只对其中差异之处进行分析。装饰装修工程的环境影响因素识别与分析如表 4.36～表 4.40 所示;机电安装工程的环境影响因素识别与分析如表 4.41～表 4.45 所示。

表 4.36　建筑装饰装修工程(环境保护)

非绿色因素分析	绿色施工技术和管理措施
(1) 装饰材料放射性、甲醛含量指标,达不到环保要求; (2) 淋灰作业、砂浆制备、水磨石面层、水刷石面层施工造成污染; (3) 自行熬制底板蜡时,由于加热造成空气污染; (4) 幕墙等饰面材料大量采用现场加工; (5) 剔凿、打磨、射钉时产生噪声及扬尘污染; (6) 饰面工程在墙面干燥后进行斩毛、拉毛等作业; (7) 由于化学材料泄漏及火灾造成污染	(1) 装饰用材料进场检查其合格证、放射性指标、甲醛含量等,确保其满足环保要求; (2) 淋灰作业、砂浆制备、水磨石面层、水刷石面层施工,注意污水的处理,避免污染; (3) 煤油、底板蜡等均为易燃品,应做好防火、防污染措施;优先采用内燃式加热炉施工设备,避免采用敞开式加热炉; (4) 幕墙等饰面材料采用工厂加工、现场拼装的施工方式,现场只做深加工和修整工作; (5) 优先选择低噪声、高能效的施工机械,确保施工机械状态良好; (6) 打磨地面面层可关闭门窗施工; (7) 斩假石、拉毛等饰面工程,应在面层尚湿润情况下施工,避免发生扬尘; (8) 做好化学材料污染事故的应急预防预案,配备防火器材,具有通风措施,防止煤气中毒

表 4.37　建筑装饰装修工程(节水与水资源利用)

非绿色因素分析	绿色施工技术和管理措施
(1) 现场淋灰作业,存在输水管线渗漏; (2) 淋灰、水磨石、水刷石等施工未采用再生水源; (3) 面层养护采用直接浇水方式; (4) 其余同混凝土工程施工及砌筑工程砂浆施工部分	(1) 淋灰作业用输水管线应严格定期检查、定期维护; (2) 淋灰、水磨石、水刷石等施工优先采用现场再生水、雨水、河水等非市政水源; (3) 面层养护采用草栅覆盖洒水养护,避免直接浇水养护; (4) 其余同混凝土工程施工及砌筑工程砂浆施工

表 4.38　建筑装饰装修工程(节材与材料资源利用)

非绿色因素分析	绿色施工技术和管理措施
(1) 装饰材料由于保管不当造成损耗; (2) 抹灰过程因质量问题导致返工; (3) 砂浆、腻子膏等制备过多,未在初凝前使用完毕; (4) 饰面抹灰中的分隔条未进行回收和再利用; (5) 抹灰时未对落地灰采取收集和再利用措施; (6) 刮腻子时厚薄不均,打磨量大,造成扬尘; (7) 裱糊工程施工时,下料尺寸不准确造成搭接困难、材料浪费	(1) 装饰材料采取覆盖、室内保存等措施,防止材料损耗; (2) 施工前进行试抹灰,防止由于砂浆黏结性不满足要求造成砂浆撒落; (3) 砂浆、腻子膏等材料做好使用规划,避免制备过多,在初凝前不能使用完,造成浪费; (4) 饰面抹灰分隔条优先采用塑料材质,避免使用木质材料;分隔条使用完毕后及时清理、收集,以备利用; (5) 收集到的撒落砂浆在初凝之前,达到使用要求的情况下再次搅拌利用; (6) 刮腻子时优先采用胶皮刮板,做到薄厚均匀,以减少打磨量; (7) 裱糊工程施工确保下料尺寸准确,按基层实际尺寸计算,每边增加 2～3cm 作为裁纸量,避免造成材料浪费

表 4.39　建筑装饰装修工程(节能与能源利用)

非绿色因素分析	绿色施工技术和管理措施
(1) 机械作业内容与其适用范围不符; (2) 施工机械的经济功率与现场工况、作业强度不符,设备利用率低; (3) 人、机、料搭配不合理,施工不流畅,造成施工机械空载	(1) 切割机、喷涂机合理选用,确保各种机械均在其适用范围内; (2) 在机械经济负荷范围内机械功率满足施工要求; (3) 施工计划合理,人、机、料搭配合理,配合流畅,避免造成机械空载

表 4.40 建筑装饰装修工程(节地与施工用地保护)

非绿色因素分析	绿色施工技术和管理措施
(1) 饰面材料一次进场,场地不能周转利用; (2) 材料及机具堆放无序,场地利用率低; (3) 材料堆放点与加工机械点衔接不紧密,运输道路占用场地多	(1) 材料分批进场,堆场周转利用,减少一次占地量; (2) 现场材料及相应机具堆放有序,提高场地利用率; (3) 堆放点与加工机械点衔接紧密,减少运输占地量

表 4.41 机电安装工程(环境保护)

非绿色因素分析	绿色施工技术和管理措施
(1) 管道、连接件、固定架构件现场加工作业多; (2) 设备安装设备技术落后,噪声大,能耗高; (3) 材料切割作业产生噪声污染; (4) 焊接及夜间施工造成光污染; (5) 剔凿、钻孔、清孔作业造成粉尘、噪声污染; (6) 管道的下料、焊前预热、焊接、铅熔化、防腐、保温、浇灌施工时造成人员伤害; (7) 用石棉水泥随地搅拌固定管道连接口,造成污染; (8) 管道回填后试水试验,因不合格造成现场重新挖掘; (9) 风机、水泵设备未安装减震设施造成噪声及振动; (10) 电气设备注油时由于管道密封性不好造成渗油、漏油污染; (11) 电梯导轨擦洗、涂油时造成油污染	(1) 管道、连接件、固定架构件在工厂进行下料、套丝,运至施工现场进行拼装,避免在现场大规模加工作业; (2) 选择噪声低、高能效的吊车、卷扬机、链式起重机、磨光机、滑车以及钻孔等设备,定期保养,保证施工机械工作状态良好; (3) 现场下料切割采用砂轮锯等大噪声设备时,宜采取降噪措施,如设置隔音棚,对作业区围挡等; (4) 焊接及夜间照明施工,采用定向照明灯具,并采取遮光措施,以避免光污染; (5) 剔凿、钻孔、清孔作业时采取遮挡、洒水湿润等措施减少粉尘、噪声污染; (6) 管道的下料、焊前预热、焊接、铅熔化、防腐、保温、浇灌施工时,施工人员戴防护工具防止伤害事故发生; (7) 管道连接口用石棉水泥等在铁槽内拌合,防止污染; (8) 管道在隐蔽前进行试水试验,防止导致重新挖掘; (9) 安装风机及水泵采用橡胶或其他减震器,减弱运转时的噪声及振动; (10) 需注油设备在注油前进行密封性试验,密封性良好后方可注油; (11) 擦洗、涂油时,勤沾少沾,在下方设接油盘,避免洒漏造成油污染

表 4.42 机电安装工程(节水与水资源利用)

非绿色因素分析	绿色施工技术和管理措施
(1) 施工现场未采用再生水源; (2) 试压、冲洗管道、调试用水使用后直接排放; (3) 管道消毒水直接排入天然水源,造成污染	(1) 试水试压用水优先采用经处理符合使用要求的再生水源; (2) 试压、冲洗管道、调试用水使用后进行回收,作为冲洗、绿化用水; (3) 消毒水宜处理后排放,或排入污水管道中,避免直接排出造成污染

表 4.43　机电安装工程(节材与材料资源利用)

非绿色因素分析	绿色施工技术和管理措施
(1) 管道和构件进行大规模的现场加工作业; (2) 起吊、运输、铺设有外防腐层的管道时,施工不当造成保护层损坏; (3) 预留孔洞、预埋件位置和尺寸不准确导致返工; (4) 返工时拆下的预埋件及其他构件未进行再利用; (5) 系统调试、试运行因单个构件问题造成其他部分的破坏	(1) 管道合构件优先采用工厂化预制加工,现场只做简单深加工,避免大规模现场加工作业; (2) 避免起吊、运输、铺设涂有保护层的管道,施工时必须采取对管道的包裹防护措施; (3) 预留孔洞、预埋件设置进行仔细校核,及时修正,避免返工; (4) 对于矫正或返工时拆下的预埋件及其他构件,尽量进行再利用; (5) 系统安装完毕,先分子系统进行调试,而后进行体系的联动调试

表 4.44　机电安装工程(节能与能源利用)

非绿色因素分析	绿色施工技术和管理措施
(1) 人、机、料搭配不合理,配合不默契,造成设备利用效率低、施工机械长时间空载; (2) 熬制的熔化铅在凝固前未使用完毕; (3) 系统测试后未及时关闭,造成能源浪费; (4) 系统调试规划不准确,导致调试时间长,能源消耗大	(1) 做好施工组织计划,充分考虑人、机、料的合理比例,提高机械利用率,避免机械设备长时间空载; (2) 施工前做好封口用铅使用量和使用时间计划,避免在凝固前使用完毕; (3) 系统调试完毕后应及时关闭,避免浪费; (4) 合理规划调试过程,短时间高效率完成调试

表 4.45　机电安装工程(节地与施工用地保护)

非绿色因素分析	绿色施工技术和管理措施
(1) 管道分散堆放,占用场地多; (2) 管道单层放置,材料和机具堆放无序,场地利用效率低; (3) 原材料进场缺乏规划,一次进场,场地不能周转使用; (4) 施工现场未及时清理,建筑废弃物占用场地	(1) 在可用场地内管道优先采用集中堆放方式; (2) 管道宜多层堆放,材料和机具堆放整齐,提高场地利用效率; (3) 原材料依据施工组织设计分批进场,提高场地周转使用率; (4) 及时清理施工现场,避免废弃物占用场地

思　考　题

1. 什么是绿色施工? 其与传统施工的主要差别是什么?
2. 绿色施工的主要内容包括哪些?
3. 举例说明施工过程对环境的不利影响,并试着提出改进措施。

第5章

绿色施工评价

学习目标：掌握绿色施工评价方法，熟悉绿色施工评价体系，结合所学专业学习绿色施工各要素评价的具体内容。

学习重点：绿色施工评价体系，绿色施工评价方法，绿色施工各评价要素具体内容。

2010年11月3日，住房与城乡建设部颁布了《建筑工程绿色施工评价标准》(50640—2010)，并于2011年10月1日实施。《建筑工程绿色施工评价标准》对建筑工程绿色施工的评价方法、评价指标进行了详细的介绍，本章主要介绍其中的重点内容。

5.1 绿色施工评价方法

5.1.1 绿色施工评价的基本规定

绿色施工评价应以建筑工程施工过程为对象进行评价。

(1) 绿色施工项目应符合以下规定。

① 建立绿色施工管理体系和管理制度，实施目标管理；

② 根据绿色施工要求进行图纸会审和深化设计；

③ 施工组织设计及施工方案应有专门的绿色施工章节，绿色施工目标明确，内容应涵盖“四节一环保”要求；

④ 工程技术交底应包含绿色施工内容；

⑤ 采用符合绿色施工要求的新材料、新技术、新工艺、新机具进行施工；

⑥ 建立绿色施工培训制度，并有实施记录；

⑦ 根据检查情况，制定持续改进措施；

⑧ 采集和保存过程管理资料、见证资料和自检评价记录等绿色施工资料；

⑨ 在评价工程中，应采集反映绿色施工水平的典型图片或影像资料。

(2) 发生下列事故之一，不得评为绿色施工合格项目。

① 发生安全生产死亡责任事故；

② 发生重大质量事故，并造成严重影响(造成严重影响是指直接经济损失达到5万元以上，工期发生相关方难以接受的延误情况)；

③ 发生群体传染病、食物中毒等责任事故；

④ 施工中因“四节一环保”问题被政府管理部门处罚；

⑤ 违反国家有关“四节一环保”的法律法规，造成严重社会影响；

⑥ 施工扰民造成严重社会影响(严重社会影响是指施工活动对附近居民的正常生活产生很大的影响的情况，如造成相邻房屋出现不可修复的损坏、交通道路破坏、光污染和噪声污染等，并引起群体性抵触的活动)。

5.1.2 绿色施工评价框架体系

绿色施工评价宜按地基与基础工程、结构工程、装饰装修与机电安装工程等三个阶段进行。

绿色施工应依据环境保护、节材与材料资源利用、节水与水资源利用、节能与能源利用和节地与施工用地保护等五个要素进行评价。

绿色施工评价要素均包含控制项、一般项、优选项三类评价指标。

绿色施工评价分为不合格、合格和优良三个等级。

绿色施工评价框架体系由评价阶段、评价要素、评价指标和评价等级构成，评价体系如图5.1所示。

5.1.3 绿色施工评价方法

绿色施工项目自评价次数每月应不少于1次，且每阶段不少于1次。

1. 各评价指标评价方法

对于控制项指标，必须全部满足，按表5.1进行评价。

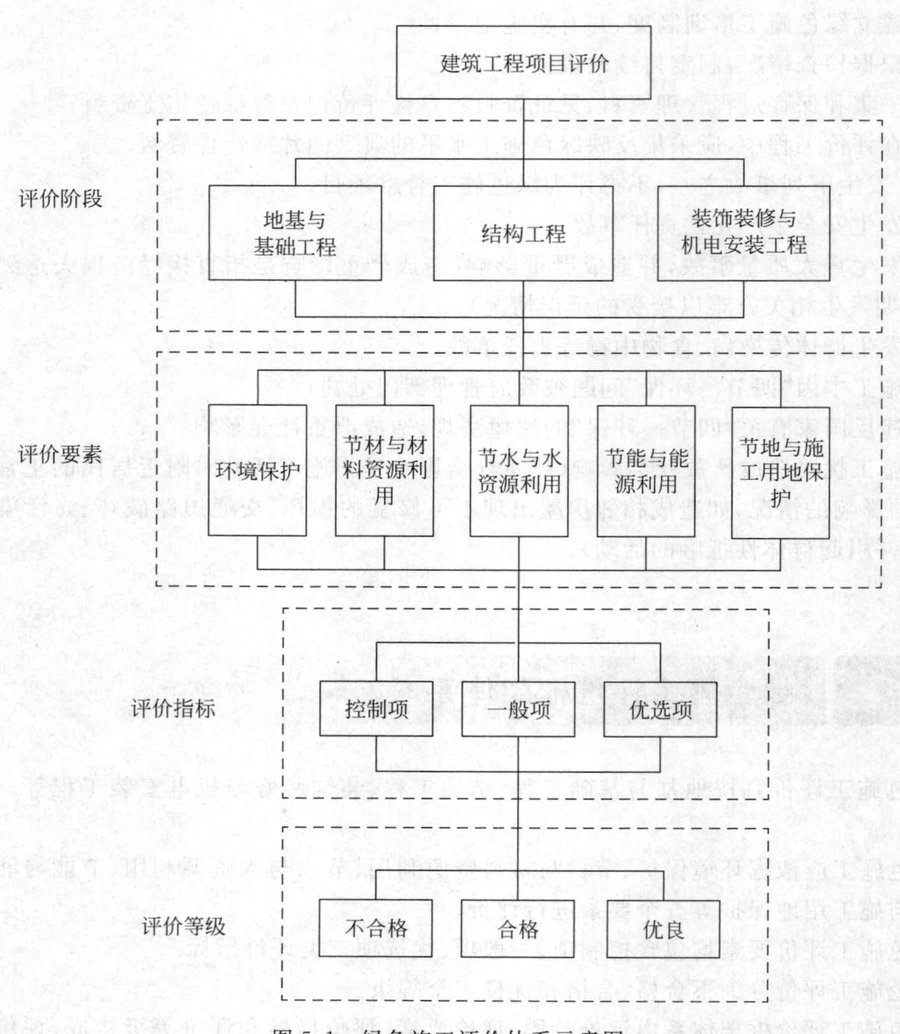

图 5.1　绿色施工评价体系示意图

表 5.1　控制项评价方法

评 分 要 求	结论	说　明
措施到位,全部满足考评指标要求	合格	进入一般评价流程
措施不到位,不满足考评指标要求	不合格	一票否决,为非绿色施工项目

对于一般项指标,根据实际发生项具体条目的执行情况计分,评价方法如表 5.2 所示。

表 5.2　一般项计分标准

评 分 要 求	评分
措施到位,满足考评指标要求	2
措施基本到位,部分满足考评指标要求	1
措施不到位,不满足考评指标要求	0

对于优选项指标，根据完成情况按实际发生项条目加分，评价方法如表5.3所示。

表5.3 优选项加分标准

评分要求	评分
措施到位，满足考评指标要求	1
措施到位，部分满足考评指标要求	0.5
措施不到位，不满足考评指标要求	0

2. 要素评价计分办法

一般项得分按百分制折算，如式(5.1)所示。

$$A = \frac{B}{C} \times 100 \tag{5.1}$$

式中，A为折算分；B为实际发生项条目实得分之和；C为实际发生项条目应得分之和。

优选项按优选项实际发生条目加分求和：

要素评价得分F=一般项折算分A+优选项加分D

3. 批次评价计分办法

批次评价应按表5.4的规定进行要素权重确定。

$$\text{批次评价得分}\ E = \sum \text{要素评价得分}\ F \times \text{权重系数}$$

表5.4 批次评价要素权重系数

评价要素	地基与基础、结构工程、装饰装修与机电安装
环境保护	0.3
节材与材料资源利用	0.2
节水与水资源利用	0.2
节能与能源利用	0.2
节地与施工用地保护	0.1

4. 阶段评价计分办法

$$\text{阶段评价得分}\ G = \sum \text{批次评价得分}\ E / \text{评价批次数}$$

5. 单位工程绿色评价得分

单位工程评价应按表5.5进行要素权重确定。

$$\text{单位工程评价得分}\ W = \sum \text{阶段评价得分}\ G \times \text{权重系数}$$

表 5.5 单位工程要素权重系数表

评价阶段	权重系数
地基与基础	0.3
结构工程	0.5
装饰装修与机电安装	0.2

6. 单位工程绿色施工等级确定

单位工程绿色施工等级应按下列规定进行判断。

(1) 满足以下条件之一者为不合格：

① 控制项不满足要求；

② 单位工程总得分<60 分；

③ 结构工程阶段得分<60 分。

(2) 满足以下条件者为合格：

① 控制项全部满足要求；

② 60 分≤单位工程总得分<80 分，结构工程得分≥60 分；

③ 至少每个评价要素各有一项优选项得分，优选项总分≥5。

(3) 满足以下条件者为优良：

① 控制项全部满足要求；

② 单位工程总得分≥80 分，结构工程得分≥80 分；

③ 至少每个评价要素中有两项优选项得分，优选项总分≥10。

5.1.4 绿色施工评价组织和程序

(1) 评价组织

单位工程绿色施工评价的组织方是建设单位，参与方为项目施工单位和监理单位，评价结果三方签认。

单位工程施工阶段评价应由监理单位组织，项目建设单位和项目施工单位参加，评价结果三方签认。

单位工程施工批次评价应由施工单位组织，项目建设单位和监理单位参加，评价结果三方签认。

(2) 评价程序

单位工程绿色施工评价应在批次评价和阶段评价的基础上进行。单位工程绿色施工评价应由施工单位书面申请，在工程竣工验收前进行评价。单位工程绿色施工评价应检查相关技术和管理资料，并听取施工单位《绿色施工总体情况报告》，综合确定绿色施工评价等级。单位工程绿色施工评价结果应在有关部门备案。

5.2　环境保护评价指标

5.2.1　控制项

(1) 现场施工标牌应包括环境保护内容。

现场施工标牌是指工程概况牌、施工现场管理人员组织机构牌、入场须知牌、安全警示牌、安全生产牌、文明施工牌、消防保卫制度牌、施工现场总平面图、消防平面布置图等。现场施工标牌应体现保障绿色施工开展的相关内容。

(2) 施工现场应在醒目位置设环境保护标识。

施工现场醒目位置是指主入口、主要临街面、有毒有害物品堆放地等。

(3) 施工现场的文物古迹和古树名木应采取有效保护措施。

工程项目部应贯彻文物保护法律法规,制定施工现场文物保护措施,并有应急预案。

(4) 现场食堂有卫生许可证,有熟食留样,炊事员持有效健康证明。

5.2.2　一般项

(1) 资源保护应符合以下规定:

① 应保护场地四周原有地下水形态,减少地下水抽取。

② 危险品、化学品存放处及污物排放采取隔离措施。

(2) 人员健康应符合下列规定:

① 施工作业区和生活办公区分开布置,生活设施远离有毒有害物质(临时办公和生活区距有毒有害存放地一般为50m,因场地限制不能满足要求时应采取隔离措施);

② 生活区应有专人负责,并有消暑或保暖措施;

③ 现场工人劳动强度和工作时间应符合现行国家标准《体力劳动强度等级》(GB 3869—1997)的相关规定;

④ 从事有毒、有害、有刺激性气味和强光、强噪声施工的人员应佩戴相应的防护器具;

⑤ 深井、密闭环境、防水和室内装修施工有自然通风或临时通风设施;

⑥ 现场危险设备、地段、有毒物品存放地配置醒目安全标志,施工采取有效防毒、防污、防尘、防潮、通风等措施,加强人员健康管理;

⑦ 厕所、卫生设施、排水沟及阴暗潮湿地带应定期消毒;

⑧ 食堂各类器具清洁,个人卫生、操作行为规范。

(3) 扬尘控制应符合下列规定：

① 现场建立洒水清扫制度，配备洒水设备，并有专人负责；

② 对裸露地面、集中堆放的土方采取抑尘措施(现场直接裸露土体表面和集中堆放的土方采用临时绿化、喷浆和隔尘布遮盖等抑尘措施)；

③ 运送土方、渣土等易产生扬尘的车辆采取封闭或遮盖措施；

④ 现场进出口设冲洗池和吸湿垫，进出现场车辆保持清洁；

⑤ 易飞扬和细颗粒建筑材料封闭存放，余料及时回收；

⑥ 易产生扬尘的施工作业采取遮挡、抑尘等措施(该条为对于施工现场切割等易产生扬尘等作业所采取的扬尘控制措施要求)；

⑦ 拆除爆破作业有降尘措施；

⑧ 高空垃圾清运采用管道或垂直运输机械完成(说明高空垃圾清运采取的措施，而不采取自高空抛落的方式)；

⑨ 现场使用散装水泥、预拌砂浆应有密闭防尘措施。

(4) 废气排放控制应符合以下规定：

① 进出场车辆及机械设备废气排放符合国家年检要求；

② 不使用煤作为现场生活的燃料；

③ 电焊烟气的排放符合《大气污染物综合排放标准》(GB 16297—2012)的规定；

④ 不在现场燃烧废弃物。

(5) 固体废弃物处置应符合以下规定：

① 固体废弃物分类收集，集中堆放；

② 废电池、废墨盒等有毒有害的废弃物封闭回收，不应混放；

③ 有毒有害废物分类率达到100%；

④ 垃圾桶分可回收与不可回收利用两类，定期清运；

⑤ 建筑垃圾回收利用率应达到30%；

⑥ 碎石和土石方类等废弃物用作地基和路基回填材料。

(6) 污水排放应符合以下规定：

① 现场道路和材料堆放场周边设排水沟；

② 工程污水和试验室养护用水经处理后排入市政污水管道(工程污水采取去泥沙、除油污、分解有机物、沉淀过滤、酸碱中和等针对性的处理方式，达标排放)；

③ 现场厕所设置化粪池，并定期清理；

④ 工地厨房设隔油池，并定期清理(设置的现场沉淀池、隔油池、化粪池等及时清理，不发生堵塞、渗漏、溢出等现象)；

⑤ 雨水、污水应分流排放。

(7) 光污染应符合以下规定：

① 夜间焊接作业时，采取挡光措施；

② 工地设置大型照明灯具时，有防止强光线外泄的措施；

③ 调整夜间施工灯光投射角度，避免影响周围居民正常生活。

(8) 噪声控制应符合下列规定：

① 采用先进机械、低噪声设备进行施工，机械、设备定期保养维护；

② 噪声较大的机械设备尽量远离施工现场办公区、生活区和周边住宅区；

③ 混凝土输送泵、电锯房等设有吸音降噪屏或其他降噪措施；

④ 夜间施工噪声声强值符合国家有关规定；

⑤ 混凝土振捣时不得振动钢筋和钢模板；

⑥ 吊装作业指挥应使用对讲机传达指令。

(9) 施工现场应设置连续、密闭能有效隔绝各类污染的围挡。

现场围挡应连续设置，不得有缺口、残破、断裂，墙体材料可采用彩色金属板式围墙等可重复使用的材料，高度应符合现行行业标准《建筑施工安全检查标准》(JGJ 59—2011)的规定。

(10) 施工中，开挖土方合理回填利用。

现场开挖的土方在满足回填质量要求的前提下，就地回填使用，也可采用造景等其他利用方式，避免倒运。

5.2.3 优选项

(1) 施工作业面设置隔声设施。

在噪声敏感区域设置隔声设施，如连续的、足够长度的隔声屏等，满足隔声要求。

(2) 现场设置可移动环保厕所，并定期清运、消毒。

高空作业每隔五至八层设置一座移动环保厕所，施工场地内环保厕所足量配置，并定岗定人负责保洁。

(3) 现场应设置噪声检测点，并实施动态监测。

现场应不定期请环保部门到现场检测噪声强度，所有施工阶段的噪声控制在国家现行标准《建筑施工场界噪声限值》(GB 12523—2011)限值内。

(4) 现场有医务室，人员健康应急预案完善。

施工组织设计有保证现场人员健康的应急预案，预案内容应涉及火灾、爆炸、高空坠落、物体打击、触电、机械伤害、坍塌、SARS、疟疾、禽流感、霍乱、登革热、鼠疫疾病等。一旦发生上述事件，现场能果断处理，避免事态扩大和蔓延。

(5) 基坑施工做到封闭降水。

基坑降水不予控制，将会造成水资源浪费，改变地下水自然生态，还会造成基坑周边地面沉降和建、构筑物损坏，所以基坑施工应尽量做到封闭降水。

(6) 现场采用喷雾设备降尘。

现场拆除作业、爆破作业、钻孔作业和干旱燥热条件土石方施工应采用高空喷雾降尘设备减少扬尘。

(7) 建筑垃圾回收利用率应达到50%。

(8) 工程污水采取去泥沙、除油污、分解有机物、沉淀过滤、酸碱中和等处理方式，实现达标排放。

5.3 节材与材料资源利用评价指标

5.3.1 控制项

(1) 根据就地取材的原则进行材料选择并有实施记录。

就地取材是指材料产地到施工现场 500km 范围内。

(2) 应有健全的机械保养、限额领料、建筑垃圾再生利用等制度。

现场机械保养、限额领料、废弃物排放和再生利用等制度健全，做到有据可查，有责可究。

5.3.2 一般项

(1) 材料的选择符合下列规定：

① 施工选用绿色、环保材料，应建立合格供应商档案库，材料采购做到质量优良、价格合理，所选材料应符合《民用建筑工程室内环境污染控制规范》(GB 50325—2010)的要求和《室内装饰装修材料有害物质限量》(GB 18580～18588—2001)的要求；

② 临建设施采用可拆迁、可回收材料；

③ 应利用粉煤灰、矿渣、外加剂等新材料，降低混凝土和砂浆中的水泥用量；粉煤灰、矿渣、外加剂等新材料掺量应按供货单位推荐掺量、使用要求、施工条件、原材料等因素通过试验确定。

(2) 材料节约应符合下列规定：

① 采用管件合一的脚手架和支撑体系；

② 采用工具式模板和新型模板材料，如铝合金、塑料、玻璃钢和其他可再生材质的大模板和钢框镶边模板；

③ 材料运输方法应科学，应降低运输损耗率；

④ 优化线材下料方案；

⑤ 面材、块材镶贴，应做到预先总体排版；

⑥ 因地制宜，采用新技术、新工艺、新设备、新材料；

⑦ 提高模板、脚手架体系的周转率。

强调从实际出发，采用适合当地情况，利于高效使用当地资源的四新技术，如“几字梁”、模板早拆体系、高效钢材、高强混凝土、自防水混凝土、自密实混凝土、竹材、木材和工业废渣废液利用等。

（3）资源再生利用应符合下列规定：

① 建筑余料应合理使用；

② 板材、块材等下脚料和撒落混凝土及砂浆科学利用；制定并实施施工场地废弃物管理计划；分类处理现场垃圾，分离可回收利用的施工废弃物，将其直接应用于工程，并进行施工废弃物回收利用率计算；

③ 临建设施应充分利用既有建筑物、市政设施和周边道路；

④ 现场办公用纸分类摆放，纸张应两面使用，废纸应回收。

5.3.3　优选项

（1）应编制材料计划，合理使用材料。

（2）应采用建筑配件整体化或建筑构件装配化安装的施工方法。

（3）主体结构施工应选择自动提升、顶升模架或工作平台。

（4）建筑材料包装物回收率应达到100%。现场材料包装用纸质或塑料，塑料泡沫质的盒、袋均要分类回收，集中堆放。

（5）现场应使用预拌砂浆。预拌砂浆可集中利用粉煤灰、人工砂、矿山及工业废料和废渣等，对资源节约、减少现场扬尘具有重要意义。

（6）水平承重模板应采用早拆支撑体系。

（7）现场临建设施、安全防护设施应定型化、工具化、标准化。

5.4　节水与水资源利用评价指标

5.4.1　控制项

（1）签订标段分包或劳务合同时，应将节水指标纳入合同条款。

施工前，应对工程项目参建各方的节水指标以合同的形式进行明确，便于节水的控制和水资源的充分利用。

（2）应有计量考核记录。

5.4.2 一般项

(1) 节约用水规定

① 根据工程特点,制定用水定额。针对各地区工程情况,制定用水定额指标,使施工过程节水考核取之有据。

② 施工现场供、排水系统合理适用。排水系统指为现场生产、生活区食堂、澡堂、盥洗和车辆冲洗配置的给水排水处理系统。

③ 施工现场办公区、生活区的生活用水采用节水器具,节水器具配备率应达100%。节水器具指水龙头、花洒、恭桶水箱等单件器具。

④ 施工现场对生活用水与工程用水分别计量。对于用水集中的冲洗点、集中搅拌点等,要进行定量控制。

⑤ 施工中采用先进的节水施工工艺。针对节水目标实现,优先选择利于节水的施工工艺,如:混凝土养护、管道通水打压、各项防渗漏闭水及喷淋试验等,均采用先进的节水工艺。

⑥ 混凝土养护和砂浆搅拌用水合理,有节水措施。施工现场尽量避免现场搅拌,优先采用商品混凝土和预拌砂浆。必须现场搅拌时,要设置水计量检测和循环水利用装置。混凝土养护采取薄膜包裹覆盖、喷涂养护液等技术手段,杜绝无措施浇水养护。

⑦ 管网和用水器具不应有渗漏。防止管网渗漏应有计量措施。

(2) 水资源利用规定

① 基坑降水应储存使用。在一些地下水位高的地区,很多工程有较长的降水周期,这部分基坑降水应尽量合理使用。

② 冲洗现场机具、设备、车辆用水,应设立循环用水装置。尽量使用非传统水源进行车辆、机具和设备冲洗;使用城市管网自来水时,必须建立循环用水装置,不得直接排放。

5.4.3 优选项

(1) 施工现场建立基坑降水再利用的收集处理系统。施工现场应对地下降水、设备冲刷用水、人员洗漱用水进行收集处理,用于喷洒路面、冲厕、冲洗机具。

(2) 施工现场应有雨水再利用设施。

(3) 喷洒路面、绿化浇灌不应使用自来水。为减少扬尘,现场环境绿化、路面降尘应使用非传统水源。

(4) 生活、生产污水应处理并使用。

(5) 现场使用经检验合格的非传统水源。现场开发使用自来水以外的非传统水源应进行水质检测,保证其符合工程质量用水标准和生活卫生水质标准。传统水源一般指地表水如江河和地下水。非传统水源是指不同于传统地表供水和地下供水的水源,包括再生水、雨水、海水等。

5.5　节能与能源利用评价指标

5.5.1　控制项

（1）对施工现场的生产、生活、办公和主要耗能施工设备有节能控制措施。

施工现场能耗大户主要是塔吊、施工电梯、电焊机及其他施工机具和现场照明，为便于计量，应对生产过程使用的施工设备、照明和生活办公区分别设定用电控制指标。

（2）对主要耗能施工设备定期进行耗能计量核算。

建设工程能源计量器具的配备和管理应执行《用能单位能源计量器具配备和管理通则》（GB 17167—2006）。施工用电必须装设电表，生活区和施工区应分别计量；应及时收集用电资料，建立用电节电统计台账。针对不同的工程类型，如住宅建筑、公共建筑、工业厂房建筑、仓储建筑、设备安装工程等进行分析、对比，提高节电率。

（3）国家、行业、地方政府明令淘汰的施工设备、机具和产品不应使用。

《中华人民共和国节约能源法》第十七条：禁止生产、进口、销售国家明令淘汰或者不符合强制性能源效率标准的用能产品、设备；禁止使用国家明令淘汰的用能设备、生产工艺。

5.5.2　一般项

（1）临时用电设施应符合下列规定：

① 应采用节能型设施；

② 临时用电应设置合理，管理制度应齐全并应落实到位；

③ 现场照明设计应符合国家现行标准《施工现场临时用电安全技术规范》（JGJ 46—2012）的规定。

（2）机械设备应符合下列规定：

① 应采用能源利用效率高的施工机械设备。选择功率与负载相匹配的施工机械设备，机电设备的配置可采用节电型机械设备，如逆变式电焊机和能耗低、效率高的手持电动工具等，以利节电；机械设备宜使用节能型油料添加剂，在可能的情况下，考虑回收利用，节约油量。

② 施工机具资源应共享。在施工组织设计中，合理安排施工顺序、工作面，以减少作业区域的机具数量，相邻作业区充分利用共有的机具资源。

③ 应定时监控重点耗能设备的能源利用情况，并有记录。避免施工现场施工机械空载运行的现象，如空压机等的空载运行，不仅产生大量的噪声污染，而且还会产生不必要的电能消耗。

④ 应建立设备技术档案，并应定期进行设备维护、保养。为了更好地进行施工设备管理，应给每台设备建立技术档案，便于维修保养人员尽快准确地对设备的整机性能做出判断，以便出现故障及时修复；对于机型老、效率低、能耗高的陈旧设备要及时淘汰，代之以结构先进、技术完善、效率高、性能好及能耗低的设备；应建立设备管理制度，定期进行维护、保养，确保设备性能可靠、能源高效利用。

(3) 临时设施应符合下列规定：

① 施工临时设施结合日照和风向等自然条件，合理采用自然采光、通风和外窗遮阳设施；根据《建筑采光设计标准》(GB/T 50033—2013)，在同样照度条件下，天然光的辨认能力优于人工光，自然通风可提高人的舒适感。南方采用外遮阳，可减少太阳辐射和温度传导，节约大量的空调、电扇等运行能耗，是一种节能的有效手段，值得提倡。

② 临时施工用房使用热工性能达标的复合墙体和屋面板，顶棚宜采用吊顶。现行标准《公共建筑节能设计标准》(GB 50189—2015)提出了节能 50%的目标。这个目标通过改善围护结构热工性能，提高空调采暖设备和照明效率实现。施工现场临时设施的围护结构热工性能应参照执行，围护墙体、屋面、门窗等部位，要使用保温隔热性能指标达标的节能材料。

(4) 材料运输与施工应符合下列规定：

① 建筑材料的选用应缩短运输距离，减少能源消耗。工程施工使用的材料宜就地取材，距施工现场 500km 以内生产的建筑材料用量占工程施工使用建筑材料总量的 70%以上。

② 采用能耗低的施工工艺。改进施工工艺，节能降耗。如逆作法施工能降低施工扬尘和噪声，减少材料消耗，避免了使用大型设备的能源。

③ 合理安排施工工序和施工进度。绿色施工倡导在既定施工目标条件下，做到均衡施工、流水施工。特别要避免突击赶工期的无序施工，避免造成人力、物力和财力等浪费。

④ 尽量减少夜间作业和冬季施工的时间。夜间作业不仅施工效率低，而且需要大量的人工照明，用电量大，应根据施工工艺特点，合理安排施工作业时间。如白天进行混凝土浇捣，晚上养护等。同样，冬季室外作业需要采取冬季施工措施，如混凝土浇捣和养护时，采取电热丝加热或搭临时用煤炉供暖的防护棚等，都将消耗大量的热能，应尽量避免。

5.5.3 优选项

(1) 根据当地气候和自然资源条件，合理利用太阳能或其他可再生能源。

可再生能源是指风能、太阳能、水能、生物质能、地热能、海洋能等非化石能源。国家鼓励单位和个人安装太阳能热水系统、太阳能供热采暖和制冷系统、太阳能光伏发电系统等。

我国可再生能源在施工中的利用还刚刚起步，鼓励加快施工现场对太阳能等可再生能源的利用步伐。

（2）临时用电设备采用自动控制装置。

（3）使用的施工设备和机具应符合国家、行业有关节能、高效、环保的规定。节能、高效、环保的施工设备和机具综合能耗低，环境影响小，应积极引导施工企业，优先使用，如选用变频技术的节能施工设备等。

（4）办公、生活和施工现场，采用节能照明灯具的数量应大于80%。

（5）办公、生活和施工现场用电应分别计量。

5.6　节地与土地资源保护评价指标

5.6.1　控制项

（1）施工场地布置合理，实施动态管理。

施工现场布置实施动态管理，应根据工程进度对平面进行调整。一般建筑工程至少应有地基基础、主体结构工程施工和装饰装修及设备安装三个阶段的施工平面布置图。

（2）施工临时用地有审批用地手续。

如因工程需要，临时用地超出审批范围，必须提前到相关部门办理批准手续后方可占用。

（3）施工单位应充分了解施工现场及毗邻区域内人文景观保护要求、工程地质情况及基础设施管线分布情况，制订相应保护措施，并报请相关方核准。

基于保护和利用的要求，施工单位在开工前做到充分了解和熟悉场地情况并制定相应对策。

5.6.2　一般项

（1）节约用地规定

① 施工总平面布置紧凑，尽量减少占地。临时设施要求平面布置合理，组织科学，占地面积小。单位建筑面积施工用地率是施工现场节地的重要指标，其计算方法为

$$(临时用地面积/单位工程总建筑面积)\times 100\%$$

临时设施各项指标是施工平面布置的重要依据。

② 在经批准的临时用地范围内组织施工。建设工程施工现场用地范围，以规划行政主管部门批准的建设工程用地和临时用地范围为准，必须在批准的范围内组织施工。

③ 根据现场条件，合理设计场内交通道路。场内交通道路双车道宽度不大于6m，单车道不大于3.5m，转弯半径不大于15m，尽量形成环形通道。

④ 施工现场临时道路布置应与原有及永久道路兼顾考虑，充分利用拟建道路为施工服务。

⑤ 应采用预拌混凝土。

(2) 保护用地规定

① 采取防止水土流失的措施，结合建筑场地永久绿化，提高场内绿化面积，保护土地。

② 充分利用山地、荒地作为取、弃土场的用地。施工取土、弃土场应选择荒废地，不占用农田，工程完工后，按"用多少，垦多少"的原则，恢复原有地形、地貌。在可能的情况下，应利用弃土造田，增加耕地。

③ 施工后应恢复施工活动破坏的植被(一般指临时占地内)。与当地园林、环保部门合作，在施工占用区内种植合适的植物，尽量恢复原有地貌和植被。

④ 对深基坑施工方案进行优化，减少土方开挖和回填量，保护用地。深基坑施工是一项对用地布置、地下设施、周边环境等产生重大影响的施工过程，为减少深基坑施工过程对地下及周边环境的影响，在基坑开挖与支护方案的编制和论证时应考虑尽可能地减少土方开挖和回填量，最大限度地减少对土地的扰动，保护自然生态环境。

⑤ 在生态环境脆弱的地区施工完成后，应进行地貌复原。在生态环境脆弱和具有重要人文、历史价值的场地施工，要做好保护和修复工作。场地内有价值的树木、水塘、水系以及具有人文、历史价值的地形、地貌是传承场地所在区域历史文脉的重要载体，也是该区域重要的景观标志。因此，应根据《城市绿化条例》(1992年国务院100号令)等国家相关规定予以保护。对于因施工造成场环境改变的情况，应采取恢复措施，并报请相关部门认可。

5.6.3 优选项

(1) 临时办公和生活用房采用多层轻钢活动板房、钢骨架多层水泥活动板房等可重复使用的装配式结构。这样能够减少临时用地面积，不影响施工人员工作和生活环境，符合绿色施工技术标准要求。

(2) 对施工中发现的地下文物资源，应进行有效保护，处理措施恰当。

施工发现具有重要人文、历史价值的文物资源时，要做好现场保护工作，并报请施工区域所在地政府相关部门处理。

(3) 地下水位控制对相邻地表和建筑物无有害影响。

对于深基坑降水，应对相邻的地表和建筑物进行监测，采取科学措施，以减少对地表和建筑物的影响。

(4) 钢筋加工配送化和构件制作工厂化。

这项措施对于推进建筑工业化生产，提高施工质量、减少现场绑扎作业、节约临时用地具有重要作用。

(5) 施工总平面布置能充分利用和保护原有建筑物、构筑物、道路和管线等，职工宿舍满足 $2m^2$/人的使用面积要求。

高效利用现场既有资源是绿色施工的基本原则，施工现场生产生活临时设施尽量做到占地面积最小，并应满足使用功能的合理性、可行性和舒适性要求。

思　考　题

1. 简述绿色施工评价的基本过程和方法？
2. 如何理解绿色施工的批次评价和要素评价？
3. 简述扬尘控制的主要措施？
4. 结合评价条款要求，分析绿色施工措施落实的关键所在？

第6章

绿色施工组织与管理

学习目标：掌握绿色施工组织与管理的基本概念，掌握绿色施工管理与技术措施，熟悉绿色施工管理的基本内容。

学习重点：绿色施工组织与管理的基本概念，绿色施工管理的基本内容和方法，绿色施工管理与技术措施。

6.1 绿色施工组织与管理的基本概念

6.1.1 施工组织与管理基本理论

施工组织一般通过工程施工组织设计进行体现；施工管理则是解决和协调施工组织设计与现场关系的一种管理。施工组织设计是施工管理的核心内容，是用来指导施工项目全过程各项活动的技术、经济和组织的综合性文件，是施工技术与施工项目管理有机结合的产物，它能保证工程开工后施工活动有序、高效、科学合理地进行。因施工组织设计的复杂程度依工程具体的情况而不同，其所考虑的主要因素包括工程规模、工程结构特点、工程技术复杂程度、工程所处环境差异、工程施工技术特点、工程施工工艺要求和其他特殊问题等。一般情况下，施工组织设计的内容主要包括施工组织机构的建立、施工方案、施工平面图的现场布置、施工进度计划和保障工期措施、施工所需劳动力及材料物资供应计划、施工所需机具设备的确定和计划等。对于复杂的工程项目或有特殊要求及专业要求的工程项目，施工组织设计应尽量制定详尽；小型的普通工程项目因为可参考借鉴的工程施工组织管理经验较多，施工组织设计可以简略些。施工组织设计可根据工程规模和对象不同分为施工组织总设计和单位工程施工组织设计。施工组织总设计要解决工程项目施工的全局性问题，编写时应尽量简明扼要、突出重点，要组织好主体结构工程、辅助工程和配套工程等之间的衔接和协调问题；单位工程施工组织设计主要针对单体建筑工程编写，其目的是具体指导工程施工过程，要求明确施工方案各工序工种之间的协同，并根据工程项目建设的质量、工期和成本控制等要求，合理组织和安排施工作业，提高施工效率。

6.1.2　绿色施工组织与管理的内涵

1. 绿色施工管理各参与方的职责

绿色施工管理的参与方主要包括建设单位、设计单位、监理单位和施工单位。由于各参与单位角色不同，在绿色施工管理过程中的职责各异。

(1) 建设单位

编写工程概算和招标文件时，应明确绿色施工的要求，并提供包括场地、环境、工期、资金等方面的条件保障；向施工单位提供建设工程绿色施工的设计文件、产品要求等相关资料，保证真实性和完整性；建立工程项目绿色施工协调机制。

(2) 设计单位

按国家现行有关标准和建设单位的要求进行工程绿色设计；协助、支持、配合施工单位做好建筑工程绿色施工的有关设计工作。

(3) 监理单位

对建筑工程绿色施工承担监理责任；审查绿色施工组织设计、绿色施工方案或绿色施工专项方案，并在实施过程中做好监督检查工作。

(4) 施工单位

施工单位是绿色施工实施的主体，应组织绿色施工的全面实施；实行总承包管理的建设工程，总承包单位应对绿色施工负总责；总承包单位应对专业承包单位的绿色施工实施管理，专业承包单位应对工程承包范围的绿色施工负责；施工单位应建立以项目经理为第一责任人的绿色施工管理体系，并制定绿色施工管理制度，保障负责绿色施工的组织实施，及时进行绿色施工教育培训，定期开展自检、联检和评价工作。

2. 绿色施工管理主要内容

绿色施工管理主要包括组织管理、规划管理、实施管理、评价管理、人员安全与健康管理等五个方面。

(1) 组织管理

绿色施工组织管理主要包括：绿色施工管理目标的制定；绿色施工管理体系的建立；绿色施工管理制度的编制。

(2) 规划管理

规划管理主要是指绿色施工方案的编写。绿色施工方案是绿色施工的指导性文件，绿色施工方案在施工组织设计中应单独编写一章。在绿色施工方案中应对绿色施工所要求的“四节一环保”内容提出控制目标和具体控制措施。

(3) 实施管理

绿色施工实施管理是指对绿色施工方案实施过程中的动态管理,重点在于强化绿色施工措施的落实,对工程技术人员进行绿色施工方面的思想意识教育,结合工程项目绿色施工的实际情况开展各类宣传,促进绿色施工方案各项任务的顺利完成。

(4) 评价管理

绿色施工的评价管理是指对绿色施工效果进行评价的措施。按照绿色施工评价的基本要求,评价管理包括自评和专家评价。自评管理要注重绿色施工相关数据、图片、影像等资料的制作、收集和整理。

(5) 人员安全与健康管理

人员安全与健康管理是绿色施工管理的重要组成部分,其主要包括工程技术人员的安全、健康、饮食、卫生等方面,旨在为相关人员提供良好的工作和生活环境。

从以上分析来看:组织管理是绿色施工实施的机制保证;规划管理和实施管理是绿色施工管理的核心内容,关系到绿色施工的成败;评价管理是绿色施工不断持续改进的措施和手段;人员安全与健康管理则是绿色施工的基础和前提。

6.2 绿色施工组织与管理方法

6.2.1 绿色施工组织与管理标准化方法建立基本原则

1. 绿色施工组织与管理标准化方法建立应与施工企业现状结合

标准化管理方法的建设基础是施工企业的流程体系。建筑施工企业的流程体系建立是在健全的管理制度、明确的责任分工、严格的执行能力、规范的管理标准、积极的企业文化等基础上形成的,因此,构建标准化的绿色施工组织与管理方法必须依托正规的特大或大型建筑施工企业,这类企业往往具有管理体系明确、管理制度健全、管理机构完善、管理经验丰富等特点,且企业所承揽的工程项目数量较多,实施标准化管理能够产生较大的经济效益。

2. 绿色施工组织与管理标准化方法建立应以企业岗位责任制为基础

绿色施工组织与管理的标准化方法应该是一项重要的企业制度,其形成和运行均依托于企业及项目部的相关管理机构和管理人员,作为制度化的运行模式,标准化管理不会因机构和管理岗位人员的变化而产生变化。因此，绿色施工组织与管理标准化方法应该建立在施工企业管理机构和管理人员的岗位、权限、角色、流程等明晰的基础上。当新员工入职时，与标准化管理配套的岗位手册可以作为员工培训的材料，为员工提供业务执行的具体依据，这也是有效解决企业管理的重要举措。

3. 绿色施工组织与管理标准化方法建立应通过多管理体系融合确保标准落地执行

建筑工程绿色施工组织与管理标准化不仅仅指绿色施工的组织和管理，与传统建筑工程施工相同工程的质量管理、工期管理、成本管理、安全管理也是绿色施工管理的重要组成部分。在制定绿色施工组织与管理标准化方法的同时，应充分考虑质量、安全、工期和成本的要求，将各种目标控制的管理体系和保障体系与绿色施工管理体系相融合，以实现工程项目建设的总体目标。

6.2.2　绿色施工组织与管理一般规定

1. 组织机构

在施工组织管理机构设置时，应充分考虑绿色施工与传统施工的组织管理差异，结合工程质量创优的总体目标，进行组织管理机构设置，要针对“四节一环保”设置专门的管理机构，责任到人。绿色施工组织管理机构设置一般实行三级管理，成立相应的领导小组和工作小组。领导小组一般由公司领导组成，其职责主要是从宏观上对绿色施工进行策划、协调、评估等；工作小组一般由分公司领导组成，其主要职责是组织实施绿色施工、保证绿色施工各项措施的落实、进行日常的检查考核等；操作层则由项目管理人员和生产工人组成，主要职责是落实绿色施工的具体措施。

组织机构的设置可因工程而异。图 6.1 和图 6.2 分别为洛阳和长沙某工程的绿色施工组织机构图。从组织机构设定的情况来看，二者均实现三级管理，但组织机构构建思路差别较大。图 6.1 的机构设置更接近传统工程的施工组织机构情况，没有突出绿色施工管理的特点；图 6.2 的机构设置与绿色施工中的“四节一环保”和绿色施工资料管理紧密适应，突出了绿色施工的要求。此外，图 6.2 中的组织机构设有“绿色施工课题研究小组”，这是与工程开展的实际情况密切相关的，便于对绿色施工经验进行总结。当然，到底采取何种绿色施工组织机构要与工程实际相结合，不能只强调组织机构的形式构成，而应通过组织机构的建立对绿色施工进行科学的组织管理，组织机构的设置要能够满足绿色施工管理的要求，并与施工企业的机构设置情况结合。根据国内大型或特大型施工企业管理机构设置的情况，尤其是结合中建系统机构设置情况，建议标准绿色施工组织管理机构的设置如图 6.3 所示，具体采用时可根据企业及工程具体情况进行取舍。比如：如无专业分包方时，可在执行层中删除该组织机构。以项目经理为首的决策层即为绿色施工项目的领导小组，其主要职能是：①贯彻执行国家、地方政府、公司以及上级单位有关绿色施工的法律、法规、标准和规章制度，组织各部门及分包单位开展绿色施工工作。②组织制定项目的绿色施工目标、管理制度和工作计划。③督促检查各部门、各分包单位绿色施工责任制的落实情况。④每月由项目经理组织召开一次小组会议，研究、协调和解决重大绿色施工问题，并形成决定和措施。

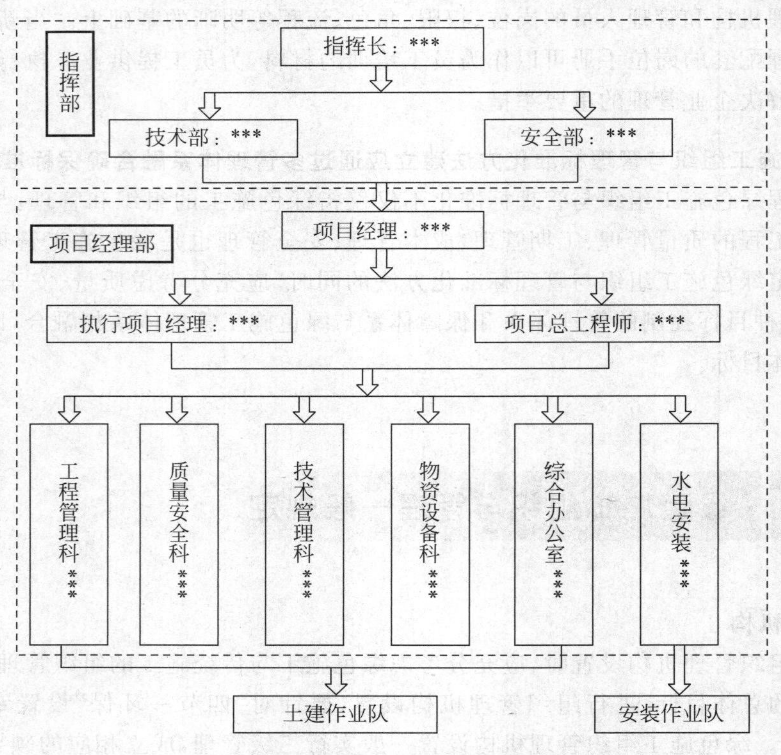

图 6.1 洛阳某大厦绿色施工组织机构图

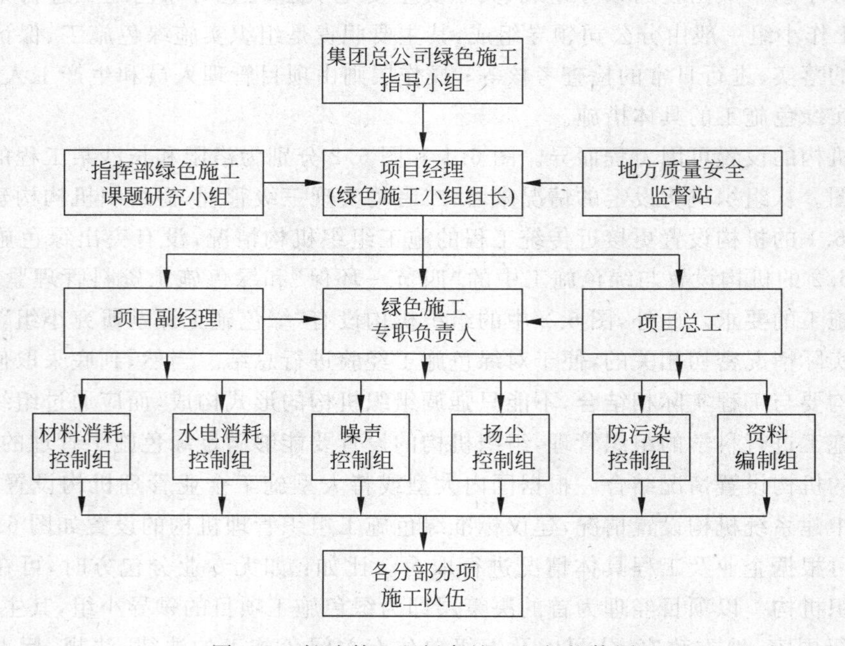

图 6.2 长沙某工程绿色施工组织机构图

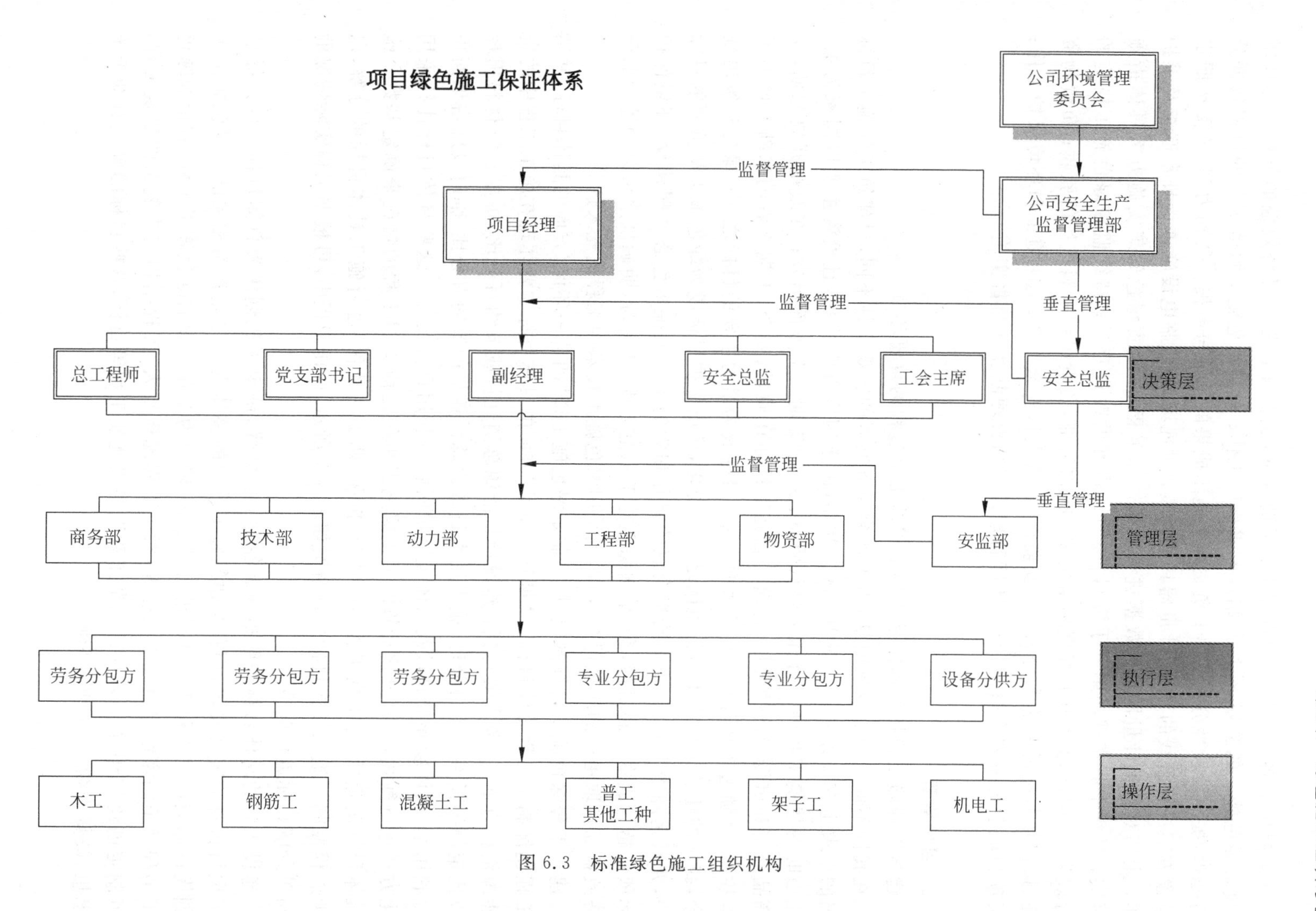

图 6.3　标准绿色施工组织机构

管理层中的各组织机构职责如下：①商务部，负责绿色施工经济效益的分析。②技术部，负责绿色施工的策划、分段总结及改进推广工作；负责绿色施工示范工程的过程数据分析与处理，提出阶段性分析报告；负责绿色施工成果的总结与申报。③动力部，负责按照水电布置方案进行管线的敷设、计量器具的安装；对现场临水、临电设施进行日常巡查及维护工作；定期对各类计量器具的数据进行收集。④工程部，负责绿色施工实施方案具体措施的落实；过程中收集现场第一手资料，提出建设性的改进意见；持续监控绿色施工措施的运行效果，及时向绿色施工管理小组反馈。⑤物资部，负责组织材料进场的验收；负责物资消耗、进出场数据的收集与分析。⑥安监部，负责项目安全生产、文明施工和环境保护工作；负责项目职业健康安全管理计划、环境管理计划和管理制度并监督实施。

2. 目标管理

建筑工程施工目标的确定是指导工程施工全过程的重要环节。

在我国不同的历史发展时期，由于社会经济发展的客观条件不同，对建筑工程施工目标提出的要求也存在差异。在新中国成立初期，由于国家百废待兴，且投资主要以国家为主，因此当时的建筑工程施工目标主要从质量、安全、工期三个方面出发；在改革开放初期，随着商品经济和市场经济的发展，建筑工程施工目标在质量、安全、工期三者的基础上增加了成本控制，且随着市场经济的深入发展，成本目标成为最为主要的目标之一；绿色建筑出现至今，我国的建筑工程施工目标也随之发生变化，环境保护目标成为绿色施工最重要的目标之一，尤其是随着2009年哥本哈根会议的召开和党的十八大提出生态文明建设，环境保护目标依然超过成本控制目标，在“全国绿色施工示范工程”评选时，明确规定可以牺牲少部分经济效益而换取更好的环境保护效益，且采用绿色施工技术的工程优先入选。

建筑工程绿色施工目标制定时，要制定绿色施工即“四节一环保”方面的具体目标，并结合工程创优制定工程总体目标。“四节一环保”方面的具体目标主要体现在施工工程中的资源能源消耗方面，一般主要包括：建设项目能源总消耗量或节约百分比、主要建筑材料损耗率或比定额损耗率节约百分比、施工用水量或比总消耗量的节约百分比、临时设施占地面积有效利用率、固体废弃物总量及固体废弃物回收再利用百分比等。这些具体目标往往采用量化方式进行衡量，在百分比计算时可根据施工单位之前类似工程的情况来确定基数。施工具体目标确定后，应根据工程实际情况，按照“四节一环保”进行施工具体目标的分解，以便于过程控制。施工具体目标分解情况如表6.1所示，操作工程中，可根据工程实际情况的不同对分解目标进行调整。

建设工程的总体目标一般指各级各类工程创优，确定工程创优为总体目标不仅是绿色施工项目自身的客观要求，而且与建筑施工企业的整体发展也是密切相关的。绿色施工工程创优目标应根据工程实际情况进行设定，一般可为企业行业的绿色施工工程、省市级绿色施工工程乃至国家级绿色施工工程等，对于工程规模较大、工程结构较为复杂的建筑工程，也可制定创建“全国新技术应用示范工程”、各级优质工程等目标，这些目标的确立有助于统一思想、鼓舞干劲，产生积极影响。

表 6.1　某工程绿色施工目标分解情况表

	目标分解情况
环境保护	①施工标牌、环保、节能、警示标识等在醒目位置悬挂到位，现场配套设施齐全；②场地树木得到有效保护；③与相邻工地降水统筹考虑减少抽取地下水 5%；采用先进工艺减少抽取地下水 30%；调整水泵功率及安装疏干井减少抽取地下水 5%；④工地食堂办理卫生许可证、厨师持证上岗，定人定时保洁，定期消毒；燃料一律使用液化气；移动厕所配备率 100%，厕所每天消毒；⑤医务室、人员健康应急预案完善；每年 1 次对现场人员体检，建立健康档案；生活区有专人负责，消暑、保暖措施齐备；作业时间安排合理；操作人员正确佩戴防护用具；操作环境通风畅通；⑥沉淀池、隔油池、化粪池设置 100%，专人定期清理；雨污分流率 100%，污水达标排放；⑦主要道路硬化率 100%，现场目测无粉尘；⑧裸露土地、集中堆放的土方绿化率 100%；⑨建筑垃圾减少 40%，再利用率达到 40%；生活垃圾分类率 100%，集中堆放率 100%，定期处理；回填土石方、路基、临设砌筑及粉刷利用挖方 100%；⑩施工现场立面围护率 100%，夜间照明灯罩使用率 100%，夜间电焊遮光罩配备率 100%；⑪严禁现场焚烧垃圾；严禁年检不合格车辆进出现场，运输易扬尘物质车辆覆盖率 100%、车辆冲洗率 100%；⑫主要噪声源辨识 100%；现场设置噪声监测点，实施动态监测
节材与材料资源利用	①绿色、环保材料达 90%；就近取材达 90%；有计划采购 100%；建筑材料包装物回收率 100%；②机械保养、限额领料、建筑垃圾再利用制度健全；③临建设施回收利用率 90%；临设、安全防护定型化、工具化、标准化达 80%；④采用双掺技术，节约水泥用量 5%；⑤管件合一脚手架、支撑体系使用率 100%；⑥运输损耗率比定额降低 30%；⑦材料损耗率比定额降低 30%；⑧采用“四新技术”，高效钢筋使用率 90%、直径大于 20mm 的钢筋连接直螺纹使用率 90%；加气混凝土砌块使用率 90%；减少粉刷面积 80%；⑨模板、脚手架体系周转率提高 20%；模板周转次数提高 50%；⑩周转材料回收率 100%，再利用率 80%；⑪混凝土、落地灰回收再利用率 100%；钢筋余料再利用率 60%；⑫纸张双面使用率 80%，废纸回收率 100%；⑬利用网络化办公，尽量做到无纸化办公
节水与水资源利用	①分包、劳务合同含节水条款 100%；②施工现场办公区、生活区的生活用水采用节水器具配备率 100%；③施工现场对生活用水与工程用水计量率 100%；④利用施工降水、先进施工工艺、循环用水节水 30%；⑤商品混凝土和预拌砂浆使用率 100%
节能与能源利用	①生活区和施工区分别装设电表计量，计量率 100%；主要耗能设备耗能计量考核率 100%；②节能灯具使用率 100%；③国家、行业、地方政府明令淘汰的施工设备、机具和产品使用率 0%；④施工机具共享率 30%；⑤运输损耗率比定额降低 30%；⑥耗能设备合理利用率 80%；⑦淋浴间、路灯采用太阳能 100%；⑧临设热工性能合格，办公室吊顶率 100%；⑨现场照明、主要机械自动控制装置使用率 80%
节地与土地资源保护	①合理布置施工场地，实施动态管理，分三个阶段规划现场平面布置；②施工现场布置合理，组织科学，占地面积小且满足使用功能；③商品混凝土使用率 100%；④职工宿舍采用租赁方式，管理方便，满足使用要求；⑤土方开挖减少开挖面积 15%

3. 绿色施工人员培训

绿色施工人员培训应制定培训计划，明确培训内容、时间、地点、负责人及培训管理制度，制定培训计划可参照表 6.2。

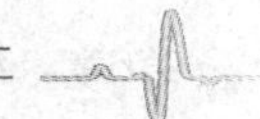

表 6.2 绿色施工教育培训规定一览表

<table>
<tr><th>序号</th><th>类别</th><th>规定内容</th><th>责任人</th><th>实施阶段</th><th>实施时间</th><th>备注</th></tr>
<tr><td rowspan="4">1</td><td rowspan="4">三级绿色施工教育</td><td>作业人员进入现场 3 天内，责任工程师通知项目安监部，组织三级绿色施工教育</td><td>项目生产经理</td><td rowspan="4">开工人场前</td><td rowspan="4">入场 3 天内</td><td rowspan="4">履行签字</td></tr>
<tr><td>公司级：公司概况、绿色施工文化、工人的法定权利和义务</td><td>项目安监部</td></tr>
<tr><td>项目级：项目概况、绿色施工重点、规章制度</td><td>项目经理</td></tr>
<tr><td>班组级：操作规程、绿色施工注意事项</td><td>分包负责人</td></tr>
<tr><td>2</td><td>教育对象</td><td>管理人员、自有工人、分包管理人员、作业工人、实习人员</td><td>项目经理
项目安全总监</td><td>全过程</td><td></td><td>不准代签</td></tr>
<tr><td>3</td><td>教育时间</td><td>分公司、项目每年编制，报批。项目每半年不少于 1 次，每次不少于 1 小时</td><td>项目经理
项目安全总监</td><td>全过程</td><td></td><td></td></tr>
<tr><td>4</td><td>绿色施工培训</td><td>填写《培训效果调查表》，人数不少于 5%。送外培训超过 3 天，报送书面总结。每年 12 月 20 日前，单位、项目将培训总结报送上级部门</td><td>项目经理
项目安全总监</td><td>全过程</td><td>每季度一次</td><td></td></tr>
</table>

4. 绿色施工信息管理

绿色施工的信息管理是绿色施工工程的重点内容，实现信息化施工是推进绿色施工的重要措施。除传统施工中的文件和信息管理内容之外，绿色施工更为重视施工过程中各类信息、数据、图片、影像等的收集整理，这是与绿色施工示范工程的评选办法密切相关的。我国《全国建筑业绿色施工示范工程申报与验收指南》中明确规定：绿色施工示范工程在进行验收时，施工单位应提交绿色施工综合性总结报告，报告中应针对绿色施工组织与管理措施进行阐述，应综合分析关键技术、方法、创新点等在施工过程中的应用情况，详细阐述"四节一环保"的实施成效和体会建议，并提交绿色施工过程相关证明材料，其中证明材料中应包括反映绿色施工的文件、措施图片、绿色技术应用材料等。除评审的外部要求之外，企业在绿色施工实施过程中做好相关信息的收集整理和分析工作也是促进企业绿色施工组织与管理经验积累的过程。例如：通过对施工过程中产生的固体废弃物的相关数据收集，可以量化固体废弃物的回收情况，通过计算分析能够比对设置的绿色施工具体目标是否实现，另外也可为今后其他同类工程绿色施工提供参考借鉴。

绿色施工资料一般可根据类别进行划分，大体可分为以下几类：

(1) 技术类：示范工程申报表；示范工程的立项批文；工程的施工组织设计；绿色施工方案、绿色施工的方案交底。

(2) 综合类：工程施工许可证；示范工程立项批文。

(3) 施工管理类：地基与基础阶段企业自评报告；主体施工阶段企业自评报告；绿色施工阶段性汇报材料；绿色施工示范工程启动会资料；绿色施工示范工程推进会资料；绿色施工示范工程外宣资料；绿色施工示范工程培训记录。

(4) 环保类：粉尘检测数据台账，按月绘成曲线图，进行分析；噪声监控数据台账，按施工阶段及时间绘成曲线图并分析；水质（分现场养护水、排放水）监测记录台账；安全密目网进场台账，产品合格证等；废弃物技术服务合同（区环保），化粪池、隔油池清掏记录；水质（分现场养护水、排放水）检测合同及抽检报告（区环保）；基坑支护设计方案及施工方案。

（5）节材类：与劳务队伍签订的料具使用协议、钢筋使用协议；料具进出场台账以及现阶段料具报损情况分析；钢材进场台账；废品处理台账，以及废品率统计分析；混凝土浇筑台账，对比分析；现场施工新技术应用总结，新技术材料检测报告。

（6）节水类：现场临时用水平面布置图及水表安装示意图；现场各水表用水按月统计台账，并按地基与基础、主体结构、装修三个阶段进行分析；混凝土养护用品（养护棉、养护薄膜）进场台账。

（7）节能类：现场临时用电平面布置图及电表安装示意图；现场各电表用电按月统计台账，并按地基与基础、主体结构两个阶段进行分析；塔吊、施工电梯等大型设备保养记录；节能灯具合格证（说明书）等资料、节能灯具进场使用台账；食堂煤气使用台账，并按月进行统计、分析。

（8）节地类：现场各阶段施工平面布置图，含化粪池、隔油池、沉淀池等设施的做法详图，分类形成施工图并完善审批手续；现场活动板房进出场台账；现场用房、硬化、植草砖铺装等各临建建设面积（按各施工阶段平面布置图）。

5. 绿色施工管理流程

管理流程是绿色施工规范化管理的前提和保障，科学合理地制定管理流程，体现企业或项目各参与方的责任和义务是绿色施工流程管理的核心内容。根据前述绿色施工组织机构设置情况，对工程项目绿色施工管理、工程项目绿色施工策划、分包单位绿色施工管理、项目绿色施工监督检查等方面的工作制定了建议性管理流程，依次如图6.4～图6.7所示。在采用具体管理流程时，可根据工程项目和企业机构设置的不同对流程进行调整。

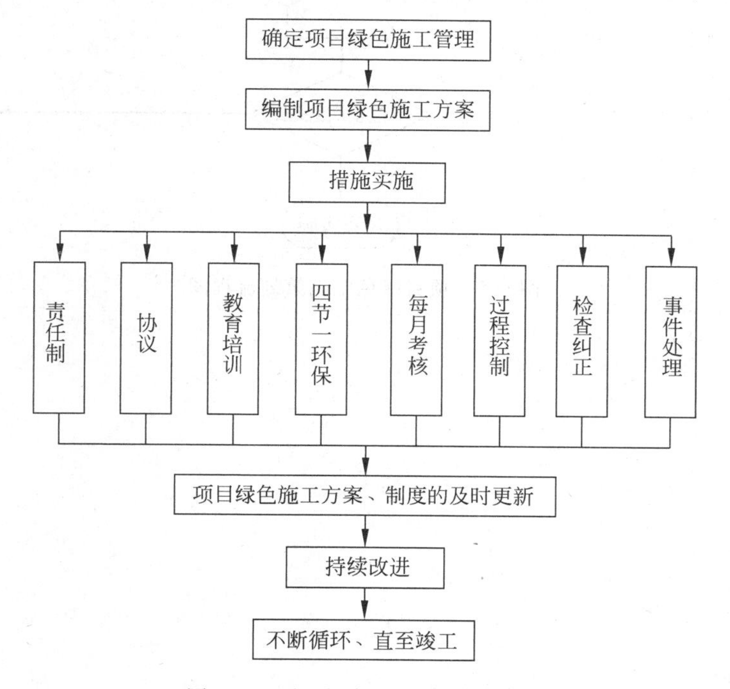

图6.4　项目绿色施工管理流程图

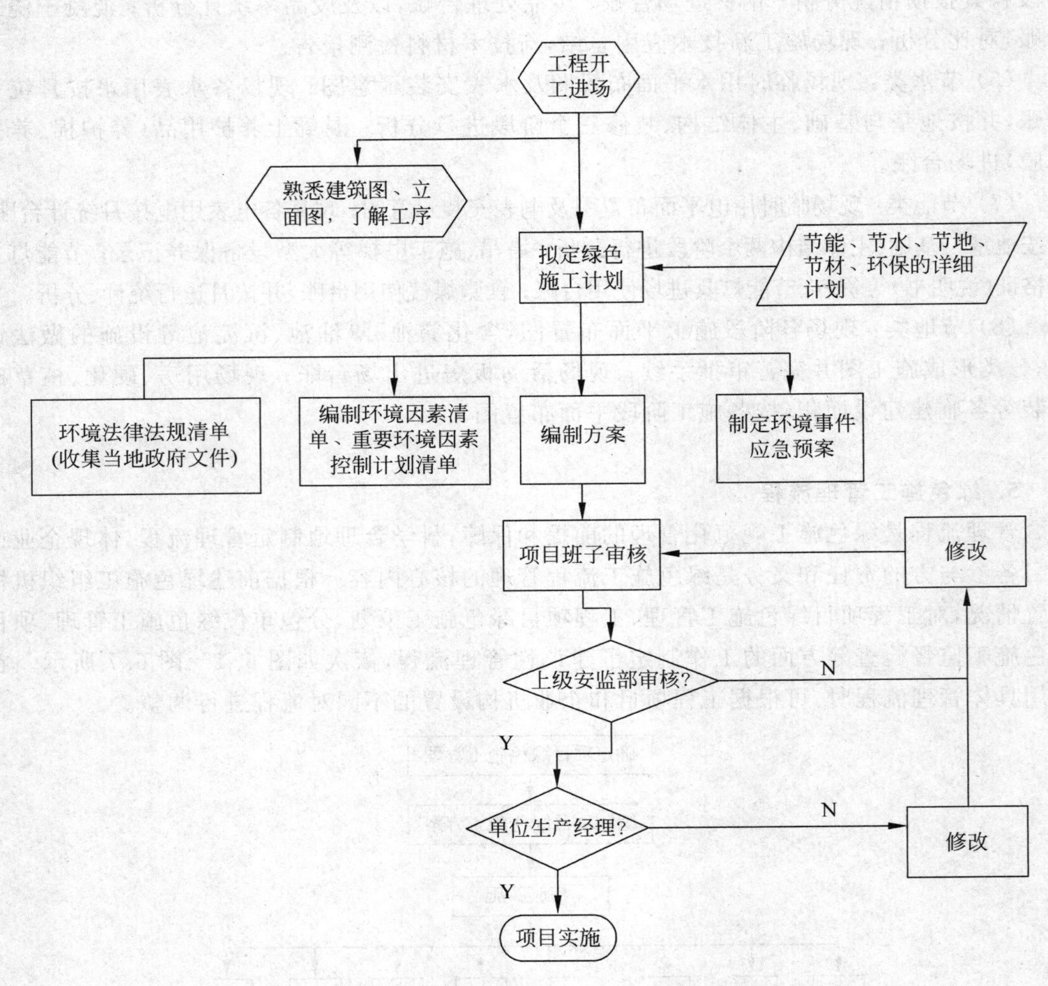

图 6.5 项目绿色施工策划流程图

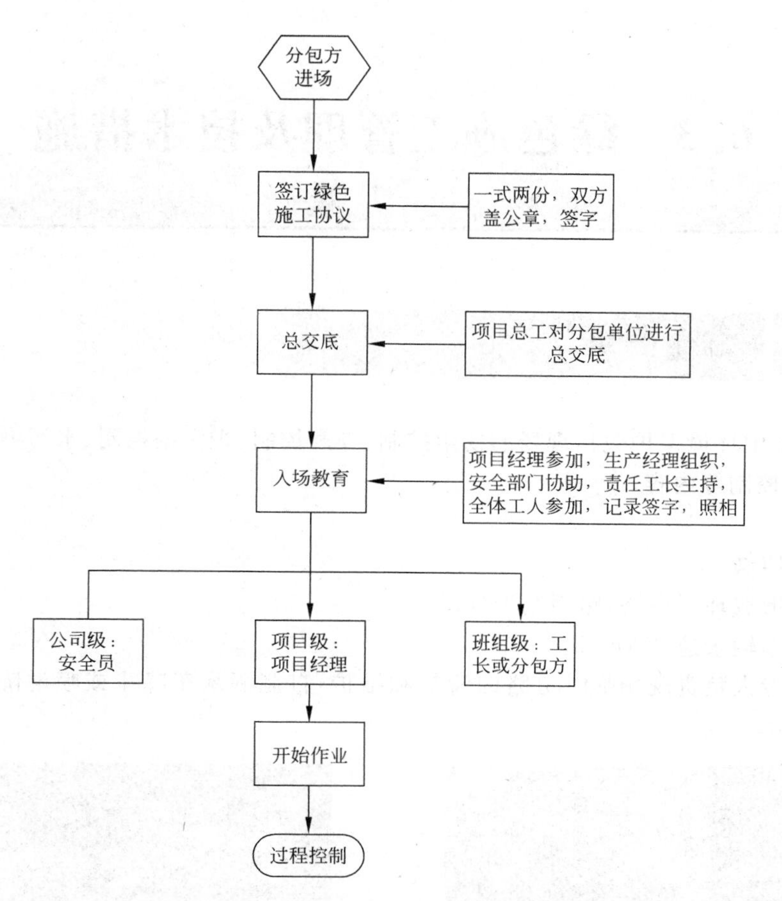

图 6.6　分包单位绿色施工管理流程图

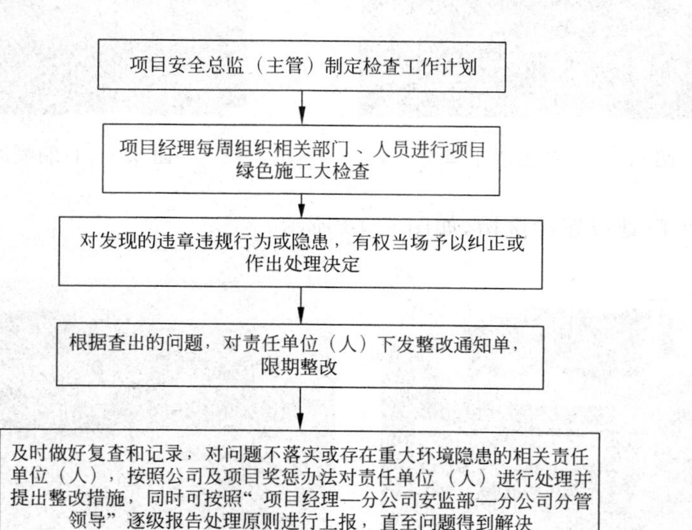

图 6.7　项目绿色施工监督检查流程图

6.3 绿色施工管理及技术措施

6.3.1 环境保护

绿色施工中环境保护包括现场的扬尘控制、噪声控制、光污染控制、水污染控制、土壤保护、建筑垃圾控制等内容。

1. 扬尘控制

① 现场形成环形道路，路面宽≥4m。

② 场区车辆限速 25km/h。

③ 安排专人负责现场临时道路的清扫和维护，自制洒水车降尘或喷淋降尘，如图 6.8 和图 6.9 所示。

图 6.8　自制洒水车降尘

图 6.9　自制喷淋降尘

④ 场区大门处设置冲洗槽，如图 6.10 所示。

图 6.10　车辆冲洗槽

⑤ 每周对场区大气总悬浮颗粒物浓度进行测量。

⑥ 土石方运输车辆采用带液压升降板可自行封闭的重型卡车，配备帆布作为车厢体的第二道封闭措施；现场木工房、搅拌房采取密封措施，如图 6.11 所示。

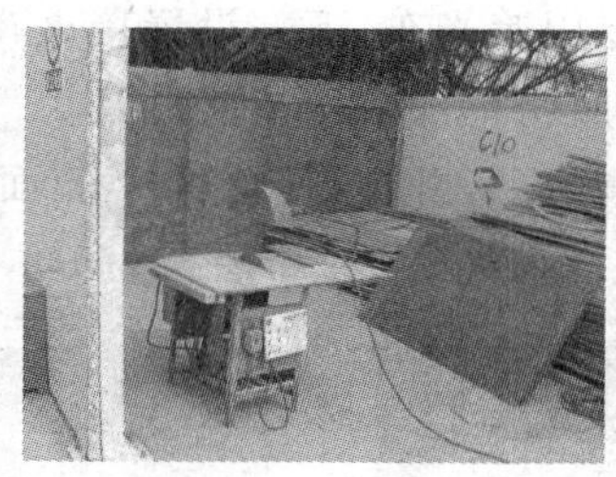

图 6.11　木工房、搅拌房等密封措施

⑦ 随主体结构施工进度，在建筑物四周采用密目安全网全封闭。

⑧ 建筑垃圾采用袋装密封，防止运输过程中扬尘。模板等清理时采用吸尘器等抑尘措施，如图 6.12 所示。

⑨ 袋装水泥、腻子粉、石膏粉等袋装粉质原材料，设密闭库房，下车、入库时轻拿轻放，避免扬尘。现场尽量采用罐装，如图 6.13 所示。

⑩ 零星使用的砂、碎石等原材堆场，采用废旧密目安全网或混凝土养护棉等覆盖，避免起风扬尘。现场筛砂场地采用密目安全网半封闭，尽可能避免起风扬尘。

图 6.12　吸尘器清理模板

图 6.13　采用罐装松散材料

2. 噪声控制

① 合理选用推土机、挖土机、自卸汽车等内燃机机械，保证机械既不超负荷运转又不空转加油，平稳高效运行。采用低噪声设备。

② 场区禁止车辆鸣笛。

③ 每天三个时间点对场区噪声量进行测量。

④ 现场木工房采用双层木板封闭，砂浆搅拌棚设置隔声板。

⑤ 混凝土浇筑时，禁止震动棒空振、卡钢筋振动或贴模板外侧振动。

⑥ 混凝土后浇带、施工缝、结构胀模等剔凿尽量使用人工，减少风镐的使用。

3. 光污染控制

① 夜间照明灯具设置遮光罩，如图 6.14 所示。

② 现场焊接施工四周设置专用遮光布，下部设置接火斗。

③ 办公区、生活区夜间室外照明全部采用节能灯具。

④ 现场闪光对焊机除人工操作一侧外，其余四个侧面采用废旧模板封闭，如图 6.15 所示。

图 6.14 夜间遮光灯罩

图 6.15 焊接遮光设施

4. 水污染控制

① 场区设置化粪池、隔油池，化粪池每月由区环保部门清掏一次，隔油池每半月由区环保部门清掏一次。

② 每月请区环保部门对现场排放水水质作一次检测。

③ 现场亚硝酸盐防冻剂、设备润滑油均放置在库房专用货架上，避免洒漏污染。

④ 基坑采用粉喷桩和挂网混凝土浆隔水性能好的方式进行边坡支护。

5. 土壤保护

Ⅰ类民用建筑工程地点土壤中的氡浓度高于周围非地质构造断裂区域 5 倍及以上时，应对工程地点土壤中镭-226、钍-232、钾-40 的比活度进行测定。内照射指数大于 1.0 或外照射指数大于 1.3 时，所在工程地点的土壤不得作为工程回填土使用。

6. 建筑垃圾控制

① 现场设置建筑垃圾分类处理场，除将有毒有害的垃圾密闭存放外，还将对混凝土碎渣、砌块边角料等固体垃圾回收分类处理后再次利用，垃圾分类处理场如图 6.16 所示。

② 加强模板工程的质量控制，避免拼缝过大漏浆、加固不牢胀模产生混凝土固体建筑垃圾。

③ 提前做好精装修深化设计工作，避免墙体偏位拆除，尽量减少墙、地砖以及吊顶板材非整块的使用。

图 6.16　垃圾分类处理场

④ 在现场建筑垃圾回收站旁，建简易的固体垃圾加工处理车间，对固体垃圾进行除有机质、破碎处理，然后归堆放置，以备使用，如图 6.17 所示。

图 6.17　现场建筑垃圾粉碎机及粉碎后材料堆积池

6.3.2　节材与材料资源利用措施

1. 结构材料

优化钢筋配料方案，采用闪光对焊、直螺纹连接形式，利用钢筋尾料制作马凳、土支撑、篦子等，如图 6.18 所示；密肋梁箍筋在场外由专业厂商统一加工配送；加强模板工程的质量控制，避免拼缝过大产生漏浆、加固不牢产生胀模，浪费混凝土，加强废旧模板再利用；加强混凝土供应计划和过程动态控制，余料制作成垫块和过梁，如图 6.19 所示。

2. 围护材料

加强砌块的运输、转运管理，轻拿轻放，减少损坏；墙体砌筑前，先摆干砖确定砌块的排版和砖缝，避免出现小于 1/3 整砖和在砌筑过程中随意裁砖，产生浪费；加气混凝土砌块必须采用手锯开砖，减少剩余部分砖的破坏。

3. 装饰材料

施工前应做好总体策划工作，通过排版来尽可能减少非整块材的数量；严格按照先天面、再墙面、最后地面的施工顺序组织施工，避免由于工序颠倒造成的饰面污染或破坏；根

利用废钢筋制作马凳

利用废钢筋制作水篦子

图 6.18 钢筋尾料回收利用

混凝土余料制作过梁

预拌砂浆余料制作垫块

图 6.19 混凝土余料再利用

据每班施工用量和施工面实际用量，采用分装桶取用油漆、乳胶漆等液态装饰材料，避免开盖后变质或交叉污染；工程使用的石材、玻璃以及木装饰用料，项目提供具体尺寸，由供货厂家加工供货。

4. 周转材料

充分利用现场废旧模板、木枋，用于楼层洞口硬质封闭、钢管爬梯踏步铺设，多余废料由专业回收单位回收，如图 6.20 所示；结构满堂架支撑体系采用管件合一的碗扣式脚手架；对于密肋梁板结构体系，采用不可拆除的一次性 GRC 模壳代替木模板进行施工，减少施工中对木材的使用；地下室外剪力墙施工中，采用可拆卸的三节式止水螺杆代替普通的对拉止水螺杆；室外电梯门及临时性挡板等设施实现工具化标准化，以便周转使用，如图 6.21 所示。

图 6.20 废旧模板再利用为楼梯踏板

图 6.21 工具化标准室外电梯门

6.3.3　节水与水资源利用措施

1. 用水管理

现场按生活区、生产区分别布置给水系统：生活区用水管网为PPR管热熔连接，主管直径50mm、支管直径25mm，各支管末端设置半球阀龙头；生产用水管网为无缝钢管焊接连接，主管直径50mm、支管直径25mm，各支管末端设置旋转球阀。

2. 循环用水

利用消防水池或沉淀池，收集雨水及地表水作为施工生产用水。图6.22为回收雨水和地下降水的设施，回收水可用于混凝土养护、洒水降尘等。

图6.22　雨水及地下降水回收再利用设施

3. 节水系统与节水器具

采用节水器具，进行节水宣传，如图6.23所示；现场按照“分区计量、分类汇总”的原则布置水表；现场水平结构混凝土采取覆盖薄膜的养护措施，竖向结构采取刷养护液养护，杜绝了无措施浇水养护；对已安装完毕的管道进行打压调试，采取从高到低、分段打压，利用管道内已有水循环调试。

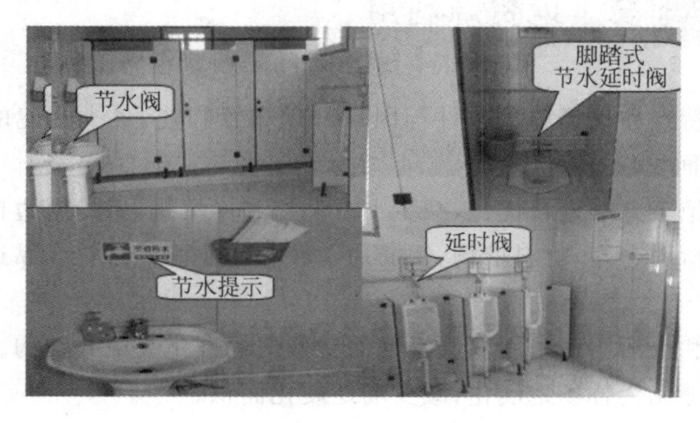

图6.23　节水器具使用

6.3.4 节能与能源利用措施

1. 机械设备与机具

应及时做好施工机械设备维修保养工作，使机械设备保持低耗高效状态；选择功率与负载相匹配的施工机械设备；机电安装采用逆变式电焊机和低能耗高效率的手持电动工具等节电型机械设备；现场对已有塔吊、施工电梯、物料提升机、探照灯及零星作业电焊机分别挂表计量用电量，进行统计、分析。

2. 生产、生活及办公临时设施

现场生活及办公临时设施布置以为南北朝向为主，采用一字型以获得良好的日照、采光和通风；临时设施应采用节能材料，墙体和屋面使用隔热性能好的材料，对办公室进行合理化布置，两间办公室设成通间，减少夏天空调、冬天取暖设备的使用数量、时间及能量消耗；在现场办公区、生活区开展广泛的节电评比，强化职工节约用电意识；在民工生活区进行每栋楼单独挂表计量，以分别进行单位时间内的用电统计，并对比分析；对大食堂和两个小食堂分别挂表计量，对食堂用电量专项统计。

3. 施工用电及照明

办公区、生活区临建照明采用日光灯，室内醒目位置设置“节约用电”提示牌；室内灯具按每个开关控制不超过 2 盏灯设置；合理安排施工流程，避免大功率用电设备同时使用，降低用电负荷峰值。

6.3.5 节地与土地资源利用

(1) 根据工程特点和现场场地条件等因素合理布置临建，各类临建的占地面积应按用地指标所需的最低面积设计。

(2) 对深基坑施工方案进行优化，减少土方开挖和回填量，保护周边自然生态环境。

(3) 施工现场材料仓库、材料堆场、钢筋加工厂和作业棚等布置应靠近现场临时交通线路，缩短运输距离。

(4) 临时办公和生活用房采用双层轻钢活动板房标准化装配式结构。

(5) 项目部用绿化代替场地硬化，减少场地硬化面积。

思　考　题

1. 绿色施工组织与管理包括哪些内容？
2. 施工单位在绿色施工过程中的主要职责是什么？
3. 绿色施工资料管理的种类有哪些？
4. 举例说明节约建筑材料的5个措施。

第7章

绿色施工技术

学习目标：掌握绿色施工技术的基本内容，熟悉绿色施工技术的适用范围，了解绿色施工技术的指标要求。

学习重点：绿色施工技术。

2010年，住房和城乡建设部下发了《关于做好建筑业10项新技术(2010)推广应用的通知》。2011年，《建筑业10项新技术》出版，书中介绍地基基础和地下空间工程技术、混凝土技术、钢筋及预应力技术、模板及脚手架技术、钢结构技术、机电安装工程技术、绿色施工技术、防水技术、抗震加固与监测技术、信息化应用技术等10项建筑业新技术，本章内容即以绿色施工技术为主。

绿色施工技术包括基坑施工封闭降水技术、施工过程水回收利用技术、预拌砂浆技术、外墙自保温体系施工技术、粘贴式外墙外保温隔热系统施工技术、现浇混凝土外墙外保温施工技术、硬泡聚氨酯外墙喷涂保温施工技术、工业废渣及(空心)砌块应用技术、铝合金窗断桥技术、太阳能与建筑一体化应用技术、供热计量技术、建筑外遮阳技术、植生混凝土、透水混凝土等14项分项技术。

7.1 基坑施工封闭降水技术

基坑施工封闭降水技术是国家推广应用的10项新技术内容之一，指采用基坑侧壁止水帷幕＋基坑底封底的截水措施，阻截基坑侧壁及基坑底面的地下水流入基坑，同时采用降水措施抽取或引渗基坑开挖范围内地下水的基坑降水方法。基坑降水通过抽排方式，在一定时间内降低地层中各类地下水的水位，以满足工程的降水深度和时间要求，保证基坑开挖的施工环境和基坑周边建筑物、构筑物或管网的安全，同时为基坑底板与边坡的稳定提供有力保障。因此保证工程施工过程中降水技术的可行性是施工质量得以保障的基础。

1. 主要技术内容

基坑施工封闭降水技术是指采用基坑侧壁帷幕或基坑侧壁帷幕＋基坑底封底的截水措施，阻截基坑侧壁及基坑底面的地下水流入基坑，同时采用降水措施抽取或引渗基坑开挖范围内的现存地下水的降水方法。

在我国南方沿海地区宜采用地下连续墙或护坡桩＋搅拌桩止水帷幕的地下水封闭措施。北方内陆地区宜采用护坡桩＋旋喷桩止水帷幕的地下水封闭措施。河流阶地地区宜采用双排或三排搅拌桩对基坑进行封闭同时兼做支护的地下水封闭措施。

2. 技术指标

(1) 封闭深度：宜采用悬挂式竖向截水和水平封底相结合，在没有水平封底措施的情况下要求侧壁帷幕(连续墙、搅拌桩、旋喷桩等)插入基坑下卧不透水土层一定深度。

(2) 截水帷幕厚度：搭接处最小厚度应满足抗渗要求，渗透系数宜小于 1.0×10^{-6} cm/s。

(3) 基坑内井深度：可采用疏干井和降水井。若采用降水井，井深度不宜超过截水帷幕深度；若采用疏干井，井深应插入下层强透水层。

(4) 结构安全性：截水帷幕必须在有安全的基坑支护措施下配合使用(如注浆法)，或者帷幕本身经计算能同时满足基坑支护的要求(如地下连续墙)。

3. 适用范围

本技术适用于有地下水存在的所有非岩石地层的基坑工程。

4. 工程实例

2008 年动工的北京中关村朔黄大厦工程，基坑面积约 $5000m^2$，基坑深度 17m，原计划采用管井降水，计算 90d 涌水量 2.48 万 t，后采用旋喷桩止水帷幕工艺，在基坑内配置疏干井，将上部潜水引入下层，全工程未抽取地下水。而附近 400m 左右处另一个工程，同时开工，抽水周期 8 个月，粗略计算共抽取地下水 8 万 t，相当于 500 户居民 1 年的用水量。

天津地区中钢天津响锣湾项目、北京地区协和医院门诊楼及手术科室楼工程、上海轨道交通 10 号线一期工程、太原名都工程、深圳地铁益田站、广州地铁越秀公园站基坑工程、河北曹妃甸首钢炼钢区地下管廊工程、福州茶亭街地下配套交通工程等也应用了该项技术。

7.2 施工过程水回收利用技术

发展中国家近1/3的人口居住在严重缺水地区。随着经济发展和人口持续增加，水资源缺乏，地下水严重超采，水务基础设施建设相对滞后，再生水利用程度低等，水资源供需矛盾更加突出。一些国家较早认识到施工过程中的水回收、废水资源化的重大战略意义，为开展回收水再生利用，积累了丰富的经验。美国、加拿大等国家的回收水再利用实施法规涵盖了实践的各个方面，如回收水再利用的要求和过程、回收水再利用的法规和环保指导性意见。

目前，我国在水回收利用方面还没有专门的法规，只有节约用水方面的规定，如《中华人民共和国水法》提出了提高水的重复利用率、鼓励使用再生水、提高污水、废水再生利用率的原则规定。

7.2.1 基坑施工降水回收利用技术

1. 主要技术内容

基坑施工降水回收利用技术，一般包含两种技术：一是利用自渗效果将上层滞水引渗至下层潜水层中，可使大部分水资源重新回灌至地下的回收利用技术；二是将降水所抽水体集中存放，用于生活用水中洗漱、冲刷厕所及现场洒水控制扬尘，经过处理或水质达到要求的水体可用于结构养护用水、基坑支护用水，如土钉墙支护用水、土钉孔灌注水泥浆液用水以及混凝土试块养护用水、现场砌筑抹灰施工用水等的回收利用技术。

2. 技术指标

基坑施工降水回收包括基坑涌水量、降水井出水能力、现场生活用水量、现场洒水控制扬尘用水量、施工砌筑抹灰用水量、基坑降水回收利用率。

(1) 现场建立高效洗车池

现场设置一高效洗车池，包括蓄水池、沉淀池和冲洗池三部分。将降水井所抽出的水通过基坑周边的排水管汇集到蓄水池，用于冲洗运土车辆等。冲洗完的污水经预设的回路流进沉淀池(定期清理沉淀池，以保证其较高的使用率)。沉淀后的水可再流进蓄水池，用作洗车。

(2) 设置现场集水箱

根据相关技术指标测算现场回收水量，制作蓄水箱，箱顶制作收集水管入口，与现场降水水管连接，并将蓄水箱置于固定高度（根据所需水压计算），回收水体通过水泵抽到蓄水箱，用于现场部分施工用水。

(3) 适用范围

基坑降水回收利用具有广阔的前景，适用于在地下水位较高的地区。我国的建筑施工面积逐年增加，但多数工地对于基坑中的水没有回收利用，对地下水资源是个浪费。

(4) 工程实例

国家游泳中心在降水施工时，对方案进行了优化，减少地下水抽取，充分利用自渗效果将上层潜水引渗至较深层潜水水中，使一大部分水资源重新回灌至地下。施工现场还设置了喷淋系统，将所抽水体集中存放于水箱中，然后将该水用于喷淋扬尘。现场喷射混凝土用水、土钉孔灌注水泥浆液用水以及混凝土养护用水、砌筑用水、生活用水等均使用地下水等。有效防止了水资源的浪费。

典型工程还有清华大学环境能源楼工程、北京市威盛大厦工程、中石化办公大楼工程、微软研发集团总部工程、中关村金融中心等。

7.2.2 雨水回收利用技术与现场生产废水利用技术

1. 主要技术内容

雨水回收利用技术是指在施工过程中将雨收集后，经过雨水渗蓄、沉淀后集中存放，用于施工现场降尘、绿化和洗车，经过处理的水体可用于结构养护用水、基坑支护用水，如土钉墙支护用水、土钉孔灌注水泥浆液用水以及混凝土试块养护用水、现场砌筑抹灰施工用水等的回收利用技术。

现场生产废水利用技术是指将施工生产、生活废水经过过滤、沉淀等处理后循环利用的技术。

2. 技术指标

施工现场用水应有20%来源于雨水和生产废水等回收。

7.3 预拌砂浆技术

1. 主要技术内容

预拌砂浆是由专业生产厂生产、用于建设工程中的各类砂浆拌合物，分为干拌砂浆和湿拌砂浆两种。

湿拌砂浆是指由水泥、细骨料、矿物掺合料、外加剂和水以及根据性能确定的其他组分，按一定比例在搅拌站经计量、拌制后运至使用地点，并在规定时间内使用完毕的拌合物。

干混砂浆是指由水泥、干燥骨料或粉料、添加剂以及根据性能确定的其他组分，按一定比例在专业生产厂经计量、混合而成的混合物，在使用地点按规定比例加水或配套组分拌合使用。

2. 技术指标

预拌砂浆应符合《预拌砂浆》(JG/T 230—2007)等国家现行相关标准和应用技术规程的规定。

预拌砂浆进场时，应根据下表的检验项目及批量进行复验，复验结果应该符合《预拌砂浆》(JG/T 230—2007)标准的规定。

7.4 墙体自保温体系施工技术

1. 主要技术内容

墙体自保温体系是指以蒸压加气混凝土、陶粒增强加气砌块和硅藻土保温砌块(砖)等制成的蒸压粉煤灰砖、蒸压加气混凝土砌块和陶粒砌块等为墙体材料，辅以节点保温构造措施的自保温体系，可满足夏热冬冷地区和夏热冬暖地区节能50%的设计标准。

2. 技术指标

墙体自保温体系主要技术性能参见表7.1，其他技术性能参见《蒸压加气混凝土砌块》(GB/T 11968—2008)和《蒸压加气混凝土应用技术规程》(JGJ 17—2008)的标准要求。

表7.1 墙体自保温体系技术要求

项目		指标
干体积密度/(kg/m³)		475～825
抗压强度/MPa	B05级	3.5
	B06级	5.0
	B07级	5.0
	B08级	7.5
导热系数/(W/(m·K))		0.12～0.2
体积吸水率/%		15～25

由于砌块是多孔结构，其收缩受湿度、温度影响大，干缩湿胀现象比较明显，墙体上会产生各种裂缝，严重的还会造成砌体开裂。要解决上述质量问题，必须从材料、设计、施工多方面共同控制，针对不同季节和情况进行处理控制。

(1) 砌块在存放和运输过程中要做好防雨措施。使用中要选择强度等级相同的产品，应尽量避免在同一工程中选用不同强度等级的产品。

(2) 砌筑砂浆宜选用黏结性能良好的专用砂浆，其强度等级应不小于M5，砂浆应具有良好的保水性，可在砂浆中掺入无机或有机塑化剂。有条件的应使用专用的加气混凝土砌筑砂浆或干粉砂浆。

(3) 为消除主体结构和围护墙体之间由于温度变化产生的收缩裂缝，砌块与墙柱相接处须留拉结筋，竖向间距为500～600mm，压埋2ϕ6钢筋，两端伸入墙体内不小于800mm；另每砌筑1.5m高时应采用2ϕ6通长钢筋拉结，以防止收缩拉裂墙体。

(4) 在跨度或高度较大的墙中设置构造梁柱。一般当墙体长度超过5m，可在中间设置钢筋混凝土构造柱；当墙体高度超过3m(≥120mm厚墙)或4m(≥180mm厚墙)时，可在墙高中腰处增设钢筋混凝土腰梁。构造梁柱可有效地分割墙体，减少砌体因收缩变形产生的叠加值。

(5) 在窗台与窗间墙交接处是应力集中的部位，容易受砌体收缩产生裂缝，宜在窗台处设置钢筋混凝土现浇带以抵抗变形。此外，在未设置圈梁的门窗洞口上部的边角处也容易产生裂缝和空鼓，此外宜用圈梁取代过梁，墙体砌至门窗过梁处，应停一周后再砌以上部分，以防应力不同形成八字缝。

(6) 外墙墙面水平方向的凹凸部位(如线角、雨罩、出檐、窗台等)应做泛水和滴水，以避免积水。

3. 适用范围

外墙自保温体系适用范围为夏热冬冷地区和夏热冬暖地区的外墙、内隔墙和分户墙，还适用于高层建筑的填充墙和低层建筑的承重墙。

7.5 粘贴式外墙外保温隔热系统施工技术

外墙外保温系统是由保温层、保护层和固定材料(胶粘剂锚固件等)构成，并且适用于安装在外墙外表面的非承重保温构造的总称。

目前国内应用最多的外墙外保温系统从施工做法上可分为粘贴式、现浇式、喷涂式及预制式等几种主要方式。其中粘贴式做法的保温材料包括模塑聚苯板(EPS板)、挤塑聚苯板(XPS板)、矿物棉板(MW板，以岩棉为代表)、硬泡聚氨酯板(PU板)、酚醛树脂板(PF板)

等,在国内也称为薄抹灰外墙外保温系统或外墙保温复合系统。这些材料中又以模塑聚苯板的外保温技术最为成熟,应用也最为广泛。

1. 主要技术内容

粘贴保温板外保温系统施工技术是指将燃烧性能符合要求的聚苯乙烯泡沫塑料板粘贴于外墙外表面,在保温板表面涂抹抹面胶浆并铺设增强网,然后做饰面层的施工技术。聚苯板与基层墙体的连接有粘结和粘锚结合两种方式。保温板为模塑聚苯板(EPS板)或挤塑聚苯板(XPS板)。

构造示意图如图7.1所示。

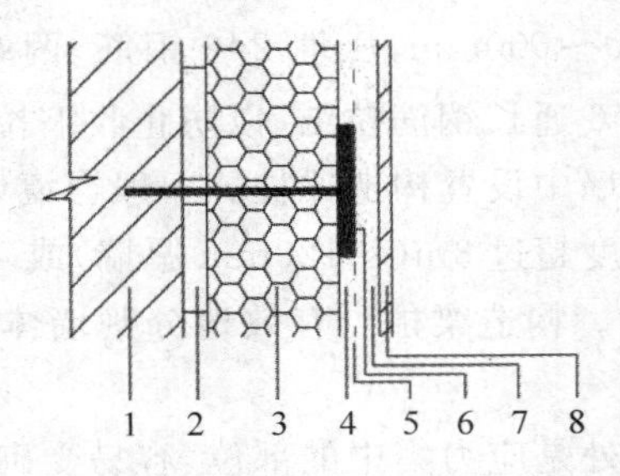

图7.1 粘贴保温板外保温系统构造示意图

1—混凝土墙,各种砌体墙;2—聚苯板胶粘剂;3—模塑或挤塑聚苯乙烯泡沫板;4—抹面砂浆;5—耐碱玻璃纤维网格布或镀锌钢丝网;6—机械锚固件;7—抹面砂浆;8—涂料、饰面砂浆或饰面砖等

2. 技术指标

系统应符合《外墙外保温工程技术规程》(JGJ 144—2008),《膨胀聚苯板薄抹灰外墙保温体系》(JG 149—2003)标准要求。

(1) 放线。根据建筑立面设计和外保温技术要求,在墙面弹出外门窗口水平、垂直控制线及伸缩缝线、装饰线条、装饰缝线等。

(2) 拉基准线。在建筑外墙大角(阳角、阴角)及其他必要处挂垂直基准钢线,每个楼层适当位置挂水平线,以控制聚苯板的垂直度和平整度。

(3) XPS板背面涂界面剂。如使用XPS板,系统要求时应在XPS板与墙的粘结面上涂刷界面剂,晾置备用。

(4) 配聚苯板胶粘剂。按配置要求,严格计量,机械搅拌,确保搅拌均匀。一次配制量应少于可操作时间内的用量。拌好的料注意防晒避风,超过可操作时间后不准使用。

(5) 粘贴聚苯板。排板按水平顺序进行,上下应错缝粘贴,阴阳角处做错茬处理;聚苯板的拼缝不得留在门窗口的四角处。当基面平整度不大于5mm时宜采用条粘法,大于5mm时宜采用点框法;当设计饰面为涂料时,粘结面积率不小于40%;设计饰面为面砖时粘结面积率不小于50%。

(6) 安装锚固件。锚固件安装应至少在聚苯板粘贴24h后进行。打孔深度依设计要求,拧入或敲入锚固钉。设计为面砖饰面时,按设计的锚固件布置图的位置打孔,塞入胀塞套管。如设计无要求且采用涂料饰面时,墙体高度在20~50m时,不宜小于4个/m^2,50m以上或面砖饰面不宜少于6个/m^2。

(7) XPS板涂界面剂。如使用XPS板,系统要求时应在XPS板面上涂刷界面剂。

(8) 配抹灰砂浆。按配置要求,做到计量准确,机械搅拌,确保搅拌均匀。一次配置量应少于可操作时间内的用量。拌好的料注意防晒避风,超过可操作时间后不准使用。

(9) 抹底层抹面砂浆。聚苯板安装完毕24h且经检查验收后进行。在聚苯板面抹底层抹面砂浆,厚度2～3mm。门窗口四角和阴阳角部位所用的增强网格布随即压入砂浆中。采用钢丝网时厚度为5～7mm。

(10) 铺设增强网。对于涂料饰面采用玻纤网格布增强,在抹面砂浆可操作时间内,将网格布绷紧后贴于底层抹面砂浆上,用抹子由中间向四周把网格布压入砂浆中,要平整压实,严禁网格布褶皱。铺贴遇有搭接时,搭接长度不得少于80mm。设计为面砖饰面时,宜用后热镀锌钢丝网,将锚固钉(附垫片)压住钢丝网拧入或敲入胀塞套管,搭接长度不少于50mm且保证2个完整网格的搭接。

如采用双层玻纤网格布做法,在固定好的网格布上抹面砂浆,厚度2mm左右,然后按以上要求再铺设一层网格布。

(11) 抹面层抹面砂浆。在底层抹面砂浆凝结前抹面层抹面砂浆,以覆盖网格布、微见网格布轮廓为宜。抹面砂浆切忌不停揉搓,以免形成空鼓。

(12) 外饰面作业。待抹面砂浆基面达到饰面施工要求时可进行外饰面作业。

外饰面可选择涂料、饰面砂浆、面砖等形式,具体施工方法按相关饰面施工标准进行。选择面砖饰面时,应在样板件检测合格、抹面砂浆施工7d后,按《外墙饰面面砖工程施工及验收规程》(JGJ 126—2000)的要求进行。

3. 适用范围

该保温系统适用于新建建筑和既有房屋节能改造中各种形式主体结构的外墙外保温,适宜在严寒、寒冷地区和夏热冬冷地区使用。

7.6　现浇混凝土外墙外保温施工技术

7.6.1　TCC建筑保温模板施工技术

1. 主要技术内容

TCC建筑保温模板体系是保温与模板一体化的保温模板体系(图7.2)。该技术将保温板辅以特制支架形成保温模板,在需要保温的一侧代替传统模板,并同另一侧的传统模板配合使用，共同组成模板体系。保温材料为XPS挤塑聚苯乙烯板，保温性能和厚度符合设计要求。模板拆除后结构层和保温层即成型。

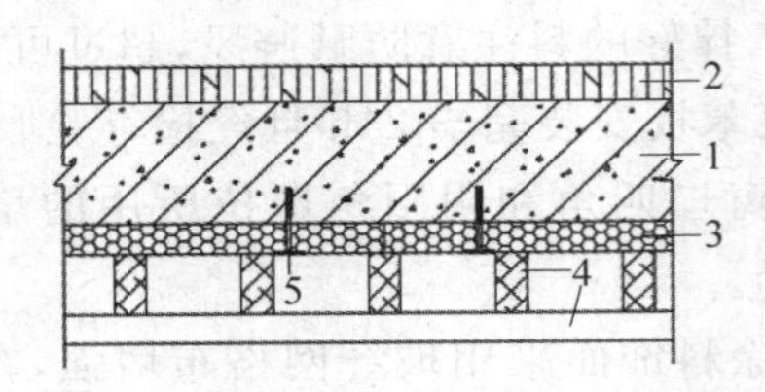

图7.2　TCC建筑保温模板保温体系构造示意图

1—混凝土墙体；2—无须保温一侧普通模板及支撑；3—保温板；4—TCC保温模板支架；5—锚栓

保温材料为XPS挤塑聚苯乙烯板，保温性能和厚度符合设计要求，燃烧性能等技术性能符合《绝热用模塑聚苯乙烯泡沫塑料》(GB/T 10801.2—2002)要求；安装精度要求同普通模板，见《混凝土结构工程施工质量验收规范》(GB 50204—2015)。

3. 适用范围

该技术适用于有节能要求的新建剪力墙结构建筑工程。

建筑节能作为一种强制性法规在全国大部分地区贯彻实施。本技术在不改变传统墙体结构受力形式和施工方法的前提下，实现了保温与模板一体化的施工工艺，不仅能够很好地满足建筑节能的要求，而且具有施工快捷、成本较低等优点，与目前国内的其他保温施工体系比较，具有明显的优越性。

TCC建筑保温模板系统施工技术是在充分吸收国内外各种保温施工体系成果的基础上，结合国内市场研制出的一种先进的保温施工体系。该体系吸收了国外保温施工体系的两个先进理念：一是保温层同结构层同时成型；二是保温板兼作模板，实现了保温与模板一体化施工。该技术为我国引进国外先进建筑施工技术提供了范例。

7.6.2 现浇混凝土外墙外保温施工技术

1. 主要技术内容

现浇混凝土外墙外保温施工技术是指在墙体钢筋绑扎完毕后，浇灌混凝土墙体前，将保温板置于外模内侧，浇灌混凝土完毕后，保温层与墙体有机地结合在一起。聚苯板可以是EPS，也可以是XPS。当采用XPS时，表面应做拉毛、开槽等加强黏结性能的处理，并涂刷配套的界面剂。按聚苯板与混凝土的连接方式不同可分为有网体系与无网体系两种。

(1) 有网体系。外表面有梯形凹槽和带斜插丝的单面钢丝网架聚苯板(EPS或XPS)，在聚苯板内外表面及钢丝网架上喷涂界面剂，将带网架的聚苯板安装于墙体钢筋之外，用塑料锚栓穿过聚苯板与墙体钢筋绑扎，安装内外大模板，浇灌混凝土墙体，拆模后有网聚苯板与混凝土墙体连接成一体。

(2) 无网体系。采用内表面带槽的阻燃型聚苯板(EPS或XPS)，聚苯板内外表面喷涂界面剂，安装于墙体钢筋之外，用塑料锚栓穿过聚苯板与墙体钢筋绑扎，安装内外大模板，浇灌混凝土墙体，拆模后聚苯板与混凝土墙体连接成一体。

2. 技术指标

（1）符合《外墙外保温工程技术规程》(JGJ 144—2008)和《现浇混凝土复合膨胀聚苯板外墙外保温技术要求》(JG/T 228—2015)要求。

（2）保温板与墙体必须连接牢固，安全可靠，有网体系、无网体系板面附加锚固件可用塑料锚栓，锚入墙内长度不得小于50mm。

（3）保温板与墙体的自然黏结强度，EPS板不小于0.10MPa，XPS板不小于0.20MPa。

（4）有网体系板与板之间垂直缝表面钢丝网之间应用火烧丝绑扎，间距不大于150mm，或用附加网片左右搭接。钢丝网和火烧丝应注意防锈。

（5）无网体系板与板之间的竖向高低槽应用保温板胶粘剂粘结。

3. 适用范围

该保温系统适用于适用于低层、多层和高层建筑的现浇混凝土外墙，适宜在严寒、寒冷地区和夏热冬冷地区使用。

7.7　外墙硬泡聚氨酯喷涂施工技术

1. 主要技术内容

外墙硬泡聚氨酯喷涂施工技术是指将硬质发泡聚氨酯喷涂到外墙外表面，并达到设计要求的厚度，然后作界面处理、抹胶粉聚苯颗粒保温浆料找平，薄抹抗裂砂浆，铺设增强网，再做饰面层。

外墙硬泡聚氨酯喷涂系统的技术特点如下。

（1）聚氨酯导热系数低，实测值仅为0.018～0.024W/(m·K)，是目前常用的保温材料中保温性能最好的。

（2）直接喷涂于墙体基面的聚氨酯有很强的自黏结强度，与各种常用的墙体材料（如混凝土、木材、金属、玻璃）都能很好黏结。

（3）现场喷涂，对基面形状适应性好，不需要机械锚固件辅助连接；施工具有连续性，整个保温层无接缝。

（4）比聚苯板耐老化，阻燃、化学稳定性好。聚氨酯硬泡体在低温下不脆裂，高温下不流淌、不粘连、能耐温120℃；燃烧中表面碳化，无熔滴；耐弱酸、弱碱侵蚀。

(5) 现场喷涂的聚氨酯硬泡体质量受施工环境的影响很大,如温度、湿度、风力等,对操作人员的技术水平要求严格。

(6) 喷涂发泡后聚氨酯表面不易平整。

(7) 施工时遇风会对周围环境产生污染。

(8) 造价较高。

2. 技术指标

(1) 耐候性:不得出现开裂、空鼓或脱落。抗裂防护层与保温层的拉伸黏结强度不应小于0.1MPa,破坏界面应位于保温层。

(2) 浸水1h吸水量不大于$1000g/m^2$。

(3) 抗冲击强度:C型:普通型(单网)3冲击,合格;加强型(双网)10冲击,合格;T型3冲击,合格。

(4) 抗风压值:不小于工程项目的风荷载设计值。

(5) 耐冻融:严寒及寒冷地区30次循环、夏热冬冷地区10次循环表面无裂纹、空鼓、起泡、剥离现象。

(6) 水蒸气湿流密度不小于$0.85g/(m^2 \cdot h)$。

(7) 不透水性:试样防护层内侧无水渗透。

(8) 耐磨损(500L砂):无开裂,龟裂或表面保护层剥落、损伤。

(9) 系统抗拉强度(C型):大于等于0.1MPa,并且破坏部位不得位于各层界面。

(10) 饰面砖粘贴强度(T型):大于等于0.4MPa。

(11) 抗震性能(T型):设防烈度等级地震作用下面砖饰面及外保温系统无脱落。

3. 适用范围

适用于抗震设防烈度不大于8度的多层及中高层新建民用建筑和工业建筑,也适用于既有建筑的节能改造工程。

7.8 工业废渣及(空心)砌块应用技术

1. 主要技术内容

工业废渣及(空心)砌块应用技术是指将工业废渣制作成建筑材料并用于建设工程。本节介绍两种:一是磷铵厂和磷酸氢钙厂在生产过程中排出的废渣,制成磷石膏标砖、磷石膏盲孔砖和磷石膏砌块等;二是以粉煤灰、石灰或水泥为主要原料,掺加适量石膏、外加剂、颜料和集料等，以坯料制备、成型、高压或常压养护而制成的粉煤灰实心砖。粉煤灰小型空心砌块是以粉煤灰、水泥、各种轻重集料、水为主要组分(也可加入外加剂等)拌合制成的小型空心砌块，其中粉煤灰用量不应低于原材料重量的 20%，水泥用量不应低于原材料重量的 10%。

2. 技术指标

磷石膏砖技术指标参照《蒸压灰砂空心砖》(JC/T 637—2009)的技术性能要求；粉煤灰小型空心砌块的性能应满足《粉煤灰混凝土小型空心砌块》(JC/T 862—2008)的技术要求；粉煤灰砖的性能应满足《粉煤灰砖》(JC 239—1991)的技术要求。

3. 适用范围

磷石膏砖适用于所有砌块结构建筑的非承重墙外墙和内填充墙；粉煤灰小型空心砌块适用于一般工业与民用建筑，尤其是多层建筑的承重墙体及框架结构填充墙。

7.9　铝合金窗断桥技术

铝合金窗于 20 世纪 70 年代初传入我国时，仅在外国驻华使馆及少数涉外工程中使用。改革开放初期，我国大批量的进口了日本、德国、荷兰以及中国香港等地铝门窗和建筑铝型材制品，用于深圳特区、广东、北京、上海等地“三资”工程建设和旅游宾馆项目建设。铝合金窗以抗风性、抗空气渗透、耐火性好而被建筑工程广泛采用。

铝的热传导系数高，在冷热交替的气候条件下，如果不经过断热处理，普通铝合金门窗的保温性能较差。目前，铝合金门窗一般采用断热型材。目前在欧美，断桥铝门窗已同木、塑门窗一样成为建筑门窗的主要形式之一。

铝门窗断桥技术在我国起步于 20 世纪 80 年代。在小批量试生产和工程试验中，积累了一定经验。但由于型材价位偏高、国产断热化学建材原料供应不足，推广、应用没有形成气候。“九五”期间，我国自行开发研制的 55、88 系列节能环保型铝门窗已在各地推广应用，填补了国内空白，增加了节能型建筑门窗品种系列。近年来，断桥铝合金门窗在严寒和寒冷地区的市场占有率逐年攀升，以北京为例，在商品房项目中的断桥铝合金门窗实际安装使用率已达 46%。

1. 主要技术内容

隔热断桥铝合金是在铝型材中间穿入隔热条，将铝型材断开形成断桥，有效阻止热量的传导。隔热铝合金型材门窗的热传导性比非隔热铝合金型材门窗降低 40%～70%。中空玻璃断桥铝合金门窗自重轻、强度高，加工装配精密、准确，因而开闭轻便灵活，无噪声，密度仅为钢材的1/3，隔音性好。

断桥铝合金窗指采用隔热断桥铝型材、中空玻璃、专用五金配件、密封胶条等辅件制作而成的节能型窗。主要特点是采用断热技术将铝型材分为室内、外两部分，采用的断热技术包括穿条式和浇注式两种，如图7.3所示。

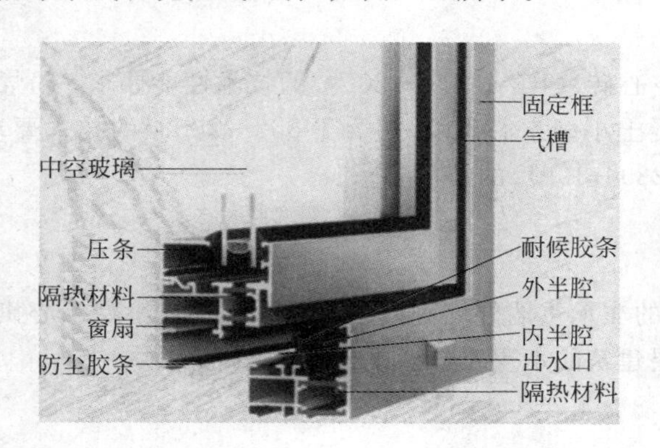

图7.3 断热型材(穿条式和浇注式)

2. 技术指标

断桥铝合金窗应符合《铝合金窗》(GB/T 8479—2003)标准要求。铝合金窗受力构件应经试验或计算确定。未经表面处理的型材最小实测壁厚不小于1.4mm。

3. 适用范围

断桥铝合金窗适用于各类形式的建筑物外窗。

7.10 太阳能与建筑一体化应用技术

1. 主要技术内容

太阳能与建筑一体化是指在建筑规划设计之初，利用屋面构架、建筑屋面、阳台、外墙及遮阳等，将太阳能利用纳入设计内容，使之成为建筑的有机组成部分。

太阳能与建筑一体化分为光热一体化和光电一体化。

太阳能与建筑光热一体化是将太阳能转化为热能的利用技术，建筑上直接利用的方式有：①利用太阳能空气集热器进行供暖；②利用太阳能热水器提供生活热水；③基于集热-储热原理的间接加热式被动太阳房；④利用太阳能加热空气产生的热压增强建筑通风。

太阳能与建筑光电一体化是指利用太阳能电池将太阳能转化为电能由蓄电池储存起来，晚上在放电控制器的控制下释放出来，供室内照明和其他需要。光电池组件由多个单晶硅或多晶硅单体电池通过串并联组成，其主要作用是把光能转化为电能。

2. 技术指标

太阳能与建筑光热一体化，按《民用建筑太阳能热水系统应用技术规范》(GB 50364—2005)和《太阳能供热采暖工程技术规范》(GB 50495—2009)技术要求进行。

太阳能与建筑光电一体化按《民用建筑太阳能光伏系统应用技术规范》(JGJ 203—2010)技术要求进行。

3. 适用范围

太阳能与建筑一体化适用于太阳辐射总量在 5000MJ/m^2 的青藏高原、西北地区、华北地区、东北大部，以及云南、广东、海南的部分低纬度地区。太阳能与建筑光电一体化宜建小区式发电厂。

4. 工程实例

福建海西光伏发电系统，项目落地南安泉南工业园，金太阳示范电厂的装机容量达到 3000kW，整个项目建在 8 幢标准厂房屋顶，占用屋顶面积 3 万 m^2。

乌鲁木齐市华源·博瑞新村以太阳能真空管为组件的屋顶和外挂墙壁，可满足热水供应、小区路灯和地下车库照明采用 LED 灯。

东营和利津将分别建设光伏 7MW 的单晶硅太阳能电站和 100MW 的单晶硅太阳能电站。东营电站年发电量 948 万 kW·h，年节约标煤 3000t；利津电站年发电量 1.3 亿 kW·h，每年可节约标煤 47000t，减少 CO_2 排放量 14 万 t。

7.11　供热计量技术

1. 主要技术内容

供热计量技术是对集中供热系统的热源供热量、热用户的用热量进行计量，包括热源和热力站热计量、楼栋热计量和分户热计量。热源和热力站热计量应采用热量计量装置，热源或热力站的燃料消耗量、补水量、耗电量应分项计量，循环水泵电量宜单独计量。

2. 技术指标

供热计量方法按《供热计量技术规程》(JGJ 173—2009)进行。

3. 适用范围

供热计量技术适用于我国所有采暖地区。

7.12 建筑遮阳技术

1. 主要技术内容

建筑遮阳是将遮阳产品安装在建筑外窗、透明幕墙和采光顶的外侧、内侧和中间等位置，夏季可阻止太阳辐射热从玻璃窗进入室内，冬季阻止室内热量从玻璃窗逸出。设置适合的遮阳设施可节约建筑运行能耗(节约空调用电 25%)；设置良好遮阳的建筑可以使外窗保温性能提高约一倍，节约建筑采暖用能 10%左右。

遮阳产品安装的位置有外遮阳、内遮阳、中间遮阳及中置遮阳。

2. 技术指标

影响建筑遮阳性能的指标有抗风荷载性能、耐雪荷载性能、耐积水荷载性能、操作力性能、机械耐久性能、热舒适和视觉舒适性能等，产品技术性能指标见《建筑遮阳通用要求》(JG/T 274—2010)；施工时应符合《建筑遮阳工程技术标准》。

3. 适用范围

建筑遮阳适合于我国严寒、寒冷、夏热冬冷、夏热冬热地区的建筑工业与民用建筑。

7.13 植生混凝土

1. 主要技术内容

植生混凝土是以多孔混凝土为基本构架，内部是一定比例的连通孔隙，为混凝土表面的绿色植物提供根部生长、吸取养分的空间，是一种生态友好型混凝土。植生混凝土由多孔混凝土、保水填充材料、表面土等组成，主要技术内容有多空混凝土的制备技术、内部碱环境的改造技术及植物生长基质的配制技术、植生喷灌系统、植生混凝土的施工技术等。

2. 技术指标

(1) 护堤植生混凝土，由碎石或碎卵石、普通硅酸盐水泥、矿物掺合料(硅粉、粉煤灰、矿粉)、水、高效减水剂组成。利用模具制成的包含有大孔的混凝土模块拼接而成，模块中的大孔供植物生长；或是采用大骨料制成的大孔混凝土，形成的大孔供植物生长；强度范围在10MPa以上；混凝土密度1800～2100kg/m^3；混凝土空隙率不小于15%，必要时可达30%。

(2) 屋面植生混凝土，由轻质骨料、普通硅酸盐水泥、硅粉或粉煤灰、水、植物种植基组成。利用多孔的轻骨料混凝土作为保水和根系生长基材，表面敷以植物生长腐殖质材料；混凝土强度5～15MPa；屋顶植生混凝土密度700～1100kg/m^3；屋顶植生混凝土空隙率18%～25%。

(3) 墙面植生混凝土，由天然矿物废渣(单一粒径5～8mm)普通硅酸盐水泥、矿物掺合料、水、高效减水剂组成。利用混凝土内部形成庞大的毛细管网络，作为为植物提供水分和养分的基材；混凝土强度5～15MPa；墙面植生混凝土密度1000～1400kg/m^3；混凝土空隙率15%～22%。

3. 适用范围

植生混凝土适用于屋顶绿化、市政工程坡面机构以及河流两岸护坡等表面的绿化与保护。

7.14 透水混凝土

1. 主要技术内容

透水混凝土是既有透水性又有一定强度的多孔混凝土，其内部为多孔堆聚结构。透水的原理是利用总体积小于骨料总空隙体系的胶凝材料部分地填充粗骨料颗粒之间的空隙并剩余部分空隙，并使其形成贯通的孔隙网，因而具有透水效果。

透水混凝土由骨料、水泥、水等组成，多采用单粒级或间断粒级的粗骨料作为骨架，细骨料的用量一般控制在总骨料的20%以内；水泥可选用硅酸盐水泥、普通硅酸盐水泥和矿渣硅酸盐水泥；掺合料可选用硅灰、粉煤灰、矿渣微细粉等。投料时先放入水泥、掺合料、粗骨料，再加入一半的水用量，搅拌30s；然后加入添加剂(外加剂、颜料等)，搅拌60s；最后加入剩余水量,搅拌120s出料。

透水混凝土的施工主要包括摊铺、成型、表面处理、接缝处理等工序。可采用机械或人工方法进行摊铺;成型可采用平板振动器、振动整平辊、手动推拉辊、振动整平梁等进行施工;表面处理主要是为了保证提高表面观感,对已成型的透水混凝土表面进行修整或清洗;透水混凝土路面接缝的设置与普通混凝土基本相同,缩缝等距布设,间距不宜超过6m。

透水混凝土施工后采用覆盖养护,洒水保湿养护至少7d,养护期间要防止混凝土表面孔隙被泥沙污染。混凝土的日常维护包括日常的清扫、封堵孔隙的清理。清理封堵孔隙可采用风机吹扫、高压冲洗或真空清扫等方法。

2. 技术指标

透水混凝土的技术指标分为拌合物指标和硬化混凝土指标。

(1) 拌合物:坍落度(5~50mm);凝结时间(初凝不少于2h);浆体包裹程度(包裹均匀,手攥成团,有金属光泽)。

(2) 硬化混凝土:强度(C15~C30);透水性(不小于1mm/s);孔隙率(10%~20%)。

(3) 抗冻融循环:一般不低于D100。

3. 适用范围

透水混凝土一般多用于市政道路、住宅小区、城市休闲广场、园林景观道路、商业广场、停车场等路面工程。

思 考 题

1. 什么是基坑封闭降水技术?
2. 预拌制砂浆主要包括哪两类?
3. 简述现浇混凝土外墙外保温施工技术的构造要求?
4. 为什么断桥铝合金门窗的保温效果好于普通铝合金门窗?
5. 简述建筑外遮阳技术的主要技术措施?
6. 透水混凝土的技术指标要求有哪些?

参 考 文 献

[1] 段树金. 土木工程概论[M]. 北京：中国铁道出版社，2005.

[2] 杨春峰.土木工程概论[M].北京：中国建材工业出版社，2013.

[3] 刘加平，董靓，孙世钧.绿色建筑概论[M]. 北京：中国建筑工业出版社，2010.

[4] 叶列平. 土木工程科学前沿[M]. 北京：清华大学出版社，2006.

[5] 吴兴国.绿色建筑和绿色施工技术[M].北京：中国环境出版社，2013.

[6] 国家标准.绿色建筑评价标准(GB/T 50378—2006)[S].北京：中国建筑工业出版社，2006.

[7] 国家标准.绿色建筑评价标准(GB/T 50378—2014)[S].北京：中国建筑工业出版社，2014.

[8] 国家标准.绿色办公建筑评价标准(GB/T 50908—2013)[S].北京：中国建筑工业出版社，2013.

[9] 国家标准.绿色施工评价标准(GB/T 50640—2010)[S].北京：中国建筑工业出版社，2010.

[10] 王瑞.建筑节能设计[M].武汉：华中科技大学出版社，2010.

[11] 建筑施工手册编写组.建筑施工手册[M].北京：中国建筑工业出版社，2003.

[12] 中国建筑业协会.全国建筑业绿色施工示范工程申报与验收指南[M].北京：中国建筑工业出版社，2003.

[13] 李君.建筑工程绿色施工与环境管理[M].北京：中国电力出版社，2013.

[14] 籍康.标准化与工具化创新绿色施工方式[J].中国标准化，2013，10：61-64.